JN451541

NCS기반 교육에 따른

한국형뱀부(대나무)테라피

NCS기반 교육에 따른

한국형뱀부(대나무)테라피

초판 인쇄 2019년 2월 25일
초판 발행 2019년 2월 28일

지은이 손소희 · 신숙희 · 이재남
발행인 조규백
책임편집 한이슬

발행처 도서출판 구민사
주소 (07293) 서울특별시 영등포구 문래북로 116, 604호(문래동3가 46, 트리플렉스)
전화 (02)701-7421(~2)
팩스 (02)3273-9642
홈페이지 www.kuhminsa.co.kr

신고번호 제 2012-000055호(1980년 2월 4일)
ISBN 979-11-5813-654-3 (93590)

정가 22,000원

이 책은 구민사가 저작권자와 계약하여 발행했습니다.
본사의 서면 허락 없이는 어떠한 형태나 수단으로도 이 책의 내용을 이용할 수 없음을 알려드립니다.

NCS기반 교육에 따른

한국형 뱀부테라피

KOREAN BAMBOO THERAPY

손소희 | 신숙희 | 이재남

구민사

머리말

뱀부(대나무)테라피가 국내 · 외 피부미용실에서 실전으로 많이 사용되고 있으나 배움의 현장에서 참고할 수 있는 서적이 많지 않은 게 현실이다. 이에 피부미용실 경영으로 현장실무에 능하며 학계에서도 후학을 양성하는 뜻있는 교수님들과 협력하여 산 · 학 간 활용될 수 있는 이론과 실습을 체계화하여「한국형 뱀부(대나무)테라피」를 만들게 되었다.

피부미용서비스를 받고자 하는 소비자의 욕구와 범위가 확대되고 있는 현재, 현장 중심의 직무능력을 표준화하여 일-교육-훈련-자격의 연계가 가능하도록 개발된 국가직무능력표준(NCS)을 활용한 현장필요 능력 개발의 중요성이 더욱 커졌다. 또한 빠르게 변화하는 산업현장 발전에 기여하고 글로벌 경쟁력도 갖출 수 있는 인재를 양성 할 수 있도록 숙련된 산업인력 양성을 위한 전문 훈련과정도 필요해졌다.

본 교재의 구성은 인체 기초 이론과 뱀부(대나무)테라피의 기본이론, 뱀부(대나무)테라피 실습, 뱀부(대나무) 테크닉 적용으로 상세하고 체계적으로 수록하였으며 특히 한국형 뱀부(대나무) 매뉴얼테크닉의 기본동작은 실질적인 테크닉으로 피부미용인(테라피스트)에게 도움을 주고자 1년여간 지속적인 연구를 통해 완성시킬 수 있게 되었다.

따라서 본서는 현장에 근무하고 있는 피부미용인(테라피스트)들에게 차별화된 테크닉을 익혀 보다 경쟁력 있는 전문가가 되는데 도움을 주고자 한다. 또한 관련 분야에 있는 학생들에게는 적절한 지침서가 되기를 바라며 이론과 테크닉에 중점을 두고 구성하였다.

책을 마무리하다 보니 아쉬운 점이 많아 좀 더 노력해야 함을 인지하고 부족한 부분은 앞으로 수정 및 보완하고 계속해서 연구해 나갈 것을 약속드린다.

끝으로 본서의 출판이 나오기까지 도와주신 도서출판 구민사 조규백 사장님, 백민석 상무님 외 편집부 직원들에게 진심을 담아 감사의 마음을 전한다.

2019년 2월
저자 일동

목차

● NCS(국가직무능력표준)란?

국가직무능력표준(NCS, National Competency Standards)은 산업현장에서 직무를 수행하기 위해 요구되는지식·기술·태도 등의 내용을 국가가 체계화한 것이다.

우리나라의 NCS는 1002개 세분류 직무를 산업 부분별 · 수준별로 국가적 차원으로 표준화작업을 추진하였으며 국가자격정책의 연계 필요성에 따라 직무역량능력이 개편되고 있고 국가직무를 학습할 수 있도록 이론 및 실습과 관련된 내용을 상세하게 제시하고 있다. 피부미용 종목의 NCS 작업은 산업현장에서 요구하는 직무능력에 충족시킬 수 있도록 2014년 집필 · 2017년 개선되었고, NCS 학습모듈은 2015년 집필 · 2017년 개선 집필되어 수정 보완되었다.

피부미용 학습모듈은 얼굴관리, 몸매관리, 피부미용 특수관리, 피부미용 기기 활용, 피부미용 기구 활용, 피부미용 화장품 활용, 헤드테라피로 구분되어 있으며, 그중 피부미용 특수관리 능력단위는 뱀부(대나무)테라피, 제모, 눈썹미용관리, 아로마테라피, 한국형특수관리, 스톤테라피, 림프관리로 구분되어 있다.

본 교재는 NCS 능력단위 중 산업현장 전문훈련과정 특수관리 과목으로 피부미용 산업의 현장 실무의 기본이론과 얼굴관리 · 몸매관리 실무를 위한 테크닉을 습득하고 숙련하여 피부미용인(테라피스트)로서 직무를 수행할 수 있도록 한다.

1. NCS기반 피부미용 뱀부(대나무)테라피

대분류	중분류	소분류	세분류
12. 이용 · 숙박 · 여행 · 오락 · 스포츠	01. 이 · 미용	01. 이 · 미용서비스	02. 피부미용

분류번호	1201010210_16v2
능력단위 명칭	피부미용 위생관리
능력단위 정의	고객에게 신체적, 정신적으로 안정감을 주기 위하여 작업장을 위생적으로 제공하고 피부미용에 관련된 비품과 직원 위생을 철저하게 관리하는 능력이다.

능력단위요소	수행준거
1201010210_16v2.1 피부미용 작업장 위생관리하기	**1.1**_위생관리 지침에 따라 피부미용 작업장 위생 관리 업무를 책임자와 협의하여 준비 · 수행할 수 있다. **1.2**_쾌적함을 주는 피부미용 작업장이 되도록 체크리스트에 따라 환풍, 조도, 냉난방시설에 대한 위생을 점검할 수 있다. **1.3**_위생관리 지침에 따라 피부미용 작업장 청소 및 소독 매뉴얼을 작성할 수 있다. **1.4**_피부미용 작업장 소독 계획에 따른 작업장 소독을 통해 작업장의 위생상태를 관리할 수 있다.
	【지식】 ㅇ 공중위생관리법 ㅇ 작업장 안전사항 ㅇ 작업장 환경관리
	【기술】 ㅇ 작업장 위생관리 기술 ㅇ 실내 소독법 적용 능력
	【태도】 ㅇ 고객 요청을 적극적으로 수용하는 태도 ㅇ 위생적인 작업 규정을 준수하는 태도

능력단위요소	수행준거
1201010210_16v2.2 피부미용 비품 위생관리하기	2.1_위생관리 지침에 따라 피부미용 비품 위생관리 업무를 책임자와 협의하여 준비 · 수행할 수 있다. 2.2_위생관리 지침에 따라 적절한 소독 방법으로 피부관리실 내부의 비품을 소독 보관할 수 있다. 2.3_소독제에 대한 유효 기간을 점검할 수 있다. 2.4_사용 종류에 알맞은 피부미용 비품의 정리정돈을 수행할 수 있다.
	【지식】 ㅇ 공중위생관리법 ㅇ 작업장 환경관리
	【기술】 ㅇ 시각적인 쾌적함 식별 능력 ㅇ 작업장 비품 청소, 소독 기술
	【태도】 ㅇ 안전사항을 준수하는 태도 ㅇ 위생적인 작업 규정을 준수하는 태도

능력단위요소	수행준거
1201010210_16v2.3 **직원 위생관리하기**	**3.1**_위생관리 지침에 따라 피부미용사로서 깨끗한 위생복, 마스크, 실내화를 구비하여 착용할 수 있다. **3.2**_장신구는 피하고 가벼운 화장과 예의 있는 언행으로 작업장 근무수칙을 준수할 수 있다. **3.3**_위생관리 지침에 따라 두발, 손톱 등 단정한 용모와 신체를 유지할 수 있다.
	【지 식】 ㅇ 공중위생관리법 ㅇ 작업장 안전사항 ㅇ 고객심리 파악 이론
	【기 술】 ㅇ 관리사의 기본적인 외모 관리 능력 ㅇ 고객과의 대화 시 적절한 용어 사용 능력
	【태 도】 ㅇ 고객을 편안하게 배려하는 태도 ㅇ 위생적인 작업 규정을 준수하는 태도

● 적용 범위 및 작업 상황

고려사항

- 이 능력단위는 고객에게 신체적, 정신적으로 안정감을 주기 위해 작업장을 위생적으로 제공하고 피부미용에 관련된 비품과 직원 위생을 철저하게 관리하는 직무에 적용한다.
- 이 능력단위의 피부관리 용품에는 피부유형별 전문가용과 개인용 기초화장품(메이크업 리무버, 클렌징류, 토닉류, 필링류, 영양크림류, 에센스류, 팩류, 로션 등), 비치용 및 판매용 색조화장품, 바디화장품, 피부미용기구(소모품류: 코튼, 면봉, 화장티슈, 해면, 거즈 등) 외 기기(기기에 따른 소모품), 미용에 관계된 잡지(전문가용과 일반인용)와 신문 등을 포함한다.
- 이 능력단위의 작업장은 편안한 분위기의 상담실과 위생적이고 아늑해야 하는 피부관리실, 탈의실, 직원 휴게실, 물품관리실을 포함한다.
- 이 능력단위의 작업장 위생관리는 적정한 조명, 냉 · 난방, 좋은 환기시설, 냉 · 온수가 나오는 상하수도 시설, 소음이 들리지 않는 방음 시설, 청소하기 좋은 바닥재, 정기적인 소독 및 방역 작업 등을 포함한다.
- 이 능력단위에 개인위생이란 공중위생관리법규나 보건 관련 규정에 의한 개인 위생을 포함한다.
- 이 능력단위에 관한 직무 수행 결과는 체크리스트 점검으로 확인한다.

자료 및 관련 서류

- 전문화장품회사의 교육자료
- 화장품이나 피부미용전문잡지 및 신문
- 인터넷
- 비디오, DVD 등 시청각 자료
- 공중위생관리법

장비 및 도구

- 컴퓨터 및 주변기기
- 피부미용기기 및 기구
- 업무용 비품
- 피부관리용 제품
- 공기정화기

재료

- 위생 용품
- 소독 용품

● 평가 지침

평가 방법

- 평가자는 능력단위 피부미용 위생관리의 수행준거에 제시되어 있는 내용을 평가하기 위해 이론과 실기를 나누어 평가하거나 종합적인 결과물의 평가 등 다양한 평가 방법을 사용할 수 있다.

- 피평가자의 과정평가 및 결과평가 방법

평가 방법	평가 유형	
	과정 평가	결과 평가
A. 포트폴리오		
B. 문제 해결 시나리오		
C. 서술형 시험		✓
D. 논술형 시험		
E. 사례 연구		
F. 평가자 질문	✓	✓
G. 평가자 체크리스트	✓	✓
H. 피평가자 자가진단 체크리스트		
I. 일지/저널		
J. 역할연기		
K. 구두발표		
L. 작업장 평가	✓	✓
M. 기타		

평가 시 고려사항

- 평가자는 피평가자의 수행 증거 및 평가 내용에 제시되어 있는 내용을 성공적으로 수행할 수 있는지를 평가해야 한다.
- 평가자는 다음 사항을 평가해야 한다.
  - 조명의 적절성 고려 능력
  - 청소하기 편리한 동선과 바닥재 상태 고려 능력
  - 적절한 내부 온도와 환기 상태 점검 능력
  - 작업실, 휴게실 구분 동선 배치 능력
  - 피부미용기기 및 기구의 위생 상태 파악 능력
  - 피부미용사의 개인 청결 상태 파악 능력
  - 기구의 위생 상태 파악 능력
  - 위생 상태(위생복, 마스크, 손톱, 손 소독) 점검 능력
  - 관련 법규에 의한 시설 기준 파악 능력
  - 소독 약품 및 소독 기간 점검 능력

직업기초능력

순번	직업기초능력	
	주요 영역	하위 영역
1	의사소통 능력	경청 능력, 의사표현 능력, 문서작성 능력, 문서이해 능력
2	문제해결 능력	사고력, 문제 처리 능력
3	자원관리 능력	물적자원 능력
4	대인관계 능력	고객서비스 능력, 팀워크 능력
5	기술 능력	기술이해 능력
6	직업윤리	공동체 윤리

개발 이력

구분		내용
직무명(능력단위명)		피부미용(피부미용 위생관리)
분류번호	기존	1201010210_16v2
	현재	1201010210_16v2
개발 · 개선 연도	현재	2016년도
	최초(1차)	2014년도
버전번호		v2
개발 · 개선기관	현재	사단법인 한국피부미용사회중앙회
	최초(1차)	사단법인 한국피부미용사회중앙회
향후 개선 연도(예정)		2021년

분류번호	1201010226_17v4
능력단위 명칭	피부미용 뱀부(대나무)테라피
능력단위 정의	위생적으로 뱀부(대나무)를 소독하여 신체 부위에 맞는 크기를 선택하고 테크닉을 구사하여 신체 순환을 돕는 능력이다.

능력단위요소	수행준거
1201010226_17v4.1 **뱀부(대나무) 소독하기**	1.1 뱀부(대나무)에 중성세제를 이용하여 닦고 흐르는 물에 씻어낼 수 있다. 1.2 씻어낸 뱀부(대나무)를 건조 후 소독할 수 있다. 1.3 소독한 뱀부를 위생적인 곳에 보관할 수 있다.
	【지 식】 ㅇ 근골격계·해부생리학 ㅇ 피부 구조와 생리학 ㅇ 공중위생관리법
	【기 술】 ㅇ 뱀부 소독 능력 ㅇ 뱀부 보관 능력
	【태 도】 ㅇ 뱀부(대나무)를 위생적으로 보관하려는 태도
1201010226_17v4.2 **뱀부(대나무) 선택하기**	2.1 뱀부(대나무)의 종류와 작용원리를 파악할 수 있다. 2.2 뱀부의 원리, 효과, 관리 방법에 따라 고객의 관리 부위에 맞는 뱀부의 크기와 종류를 선택할 수 있다.
	【지 식】 ㅇ 뱀부(대나무)의 종류 및 효능 ㅇ 근골격계·해부생리학 ㅇ 피부 구조와 생리학

능력단위요소	수행준거
	【기 술】 ㅇ 뱀부(대나무) 선택 능력
	【태 도】 ㅇ 고객을 배려하는 태도 ㅇ 고객 표정을 살피는 객관적 태도
1201010226_17v4.3 **뱀부(대나무) 테크닉하기**	**3.1**_뱀부(대나무)테라피에 대한 금기사항을 알고 적용할 수 있다. **3.2**_뱀부의 성질을 알고 신체부위별 뱀부(대나무)의 크기를 선택하여 적용할 수 있다. **3.3**_피부 유형에 맞게 뱀부(대나무)의 온도를 조절하여 관리할 수 있다.
	【지 식】 ㅇ 근골격계·해부생리학 ㅇ 피부 구조와 생리학 ㅇ 뱀부의 종류와 효능
	【기 술】 ㅇ 뱀부(대나무)테크닉 능력 ㅇ 뱀부(대나무) 사운드 활용 능력
	【태 도】 ㅇ 고객을 안정감 있게 응대하기 위해 노력하는 태도 ㅇ 고객 표정을 살피는 객관적 태도 ㅇ 금기사항을 잘 숙지하려는 긍정적 태도

● 적용 범위 및 작업 상황

고려사항

- 이 능력단위 뱀부(대나무)테라피는 뱀부(대나무)테라피의 원리와 효과, 관리 방법을 잘 파악하여 적용하는지, 신체 각 부위의 온도와 근육 상태에 따라 냉 · 온 뱀부(대나무)를 적절하게 적용하는지, 고객에게 적용할 때 온도가 적정한지, 뱀부(대나무)로 인한 자극을 줄이기 위해 오일 등을 잘 적용하는지, 뱀부(대나무)를 위생적으로 관리하고 보관하는지 등을 고려해야 한다.

자료 및 관련 서류

- 화장품이나 피부미용 전문잡지 및 신문
- 인터넷을 통한 전문 채널

장비 및 도구

- 피부관리용 베드
- 피부관리용 의자
- 피부관리용 웨건
- 온장고
- 자외선 소독기

재료

- 뱀부(대나무) 스틱
- 타월
- 오일
- 화장품
- 알코올, 화장솜

● 평가지침

평가방법

- 평가자는 능력단위 뱀부(대나무)테라피의 수행 준거에 제시되어 있는 내용을 평가하기 위해 이론과 실기를 나누어 평가하거나 종합적인 결과물의 평가 등 다양한 평가 방법을 사용할 수 있다.

- 피평가자의 과정 평가 및 결과 평가 방법

평가 방법	평가 유형	
	과정 평가	결과 평가
A. 포트폴리오		
B. 문제해결 시나리오		
C. 서술형시험		✓
D. 논술형시험		
E. 사례연구		
F. 평가자 질문	✓	✓
G. 평가자 체크리스트	✓	✓
H. 피평가자 자가진단 체크리스트		
I. 일지/저널		
J. 역할연기		
K. 구두발표		
L. 작업장평가	✓	✓
M. 기타		

평가 시 고려사항

- 수행준거에 제시되어 있는 내용을 성공적으로 수행할 수 있는지를 평가해야 한다.
- 평가자는 다음 사항을 평가해야 한다.
  - 관리사의 복장 상태
  - 뱀부(대나무)테라피에 적합한 준비 사항 수행 여부
  - 뱀부(대나무)의 온도 관리 능력
  - 유의사항을 준수하여 뱀부(대나무)테라피를 하는지 여부
  - 근육의 특성을 고려한 뱀부(대나무) 적용 능력

직업기초 능력

순번	직업기초 능력	
	주요 영역	하위 영역
1	**의사소통 능력**	경청 능력, 의사표현 능력, 문서작성 능력, 문서이해 능력, 기초외국어 능력
2	**수리 능력**	기초연산 능력, 기초통계 능력, 도표작성 능력
3	**문제해결 능력**	사고력, 문제 처리 능력
4	**자기개발 능력**	자아인식 능력, 자기관리 능력, 경력 개발 능력
5	**자원관리 능력**	물적자원 능력, 시간자원 관리 능력, 예산자원 관리 능력, 인적자원 관리
6	**대인관계 능력**	고객서비스 능력, 팀워크 능력, 갈등관리 능력, 리더십 능력, 협상 능력
7	**정보 능력**	컴퓨터 활용 능력, 정보 처리 능력
8	**기술 능력**	기술이해 능력, 기술선택 능력, 기술적용 능력
9	**조직이해 능력**	조직체제 이해 능력, 업무 이해 능력
10	**직업윤리**	근로 윤리, 공동체 윤리

개발 이력

<table>
<tr><th colspan="2">구분</th><th>내용</th></tr>
<tr><td colspan="2">직무명(능력단위명)</td><td>피부미용(피부미용 뱀부(대나무)테라피)</td></tr>
<tr><td rowspan="2">분류번호</td><td>기존</td><td>1201010226_17v4</td></tr>
<tr><td>현재</td><td>1201010226_17v4</td></tr>
<tr><td rowspan="2">개발 · 개선 연도</td><td>현재</td><td>2016년도</td></tr>
<tr><td>최초(1차)</td><td>2014년도</td></tr>
<tr><td colspan="2">버전번호</td><td>v3</td></tr>
<tr><td rowspan="2">개발 · 개선기관</td><td>현재</td><td>사단법인 한국피부미용사회중앙회</td></tr>
<tr><td>최초(1차)</td><td>사단법인 한국피부미용사회중앙회</td></tr>
<tr><td colspan="2">향후 개선 연도(예정)</td><td>2021년</td></tr>
</table>

기초이론

Part 01 인체 기초이론

Part 01

인체 기초 이론

chapter
01

피부학

이 장에서는 인체의 외부를 덮고 있는 피부의 구조 및 기능에 대해 학습하고 뱀부(대나무)테라피의 실전 사용에 도움이 되도록 한다.

피부는 신체의 전 표면을 덮고 있는 조직으로서 인체 기관 중 가장 넓은 부분을 차지하는 조직이다. 인체의 최전방에 위치하는 피부는 외부의 물리·화학적 자극으로부터 신체를 보호하는 중요한 기관이다. 모체에서 형성된 피부는 연령, 성별, 부위에 따라 표면적이 조금씩 다르게 나타난다. 총면적은 약1.6~2.0m^2이며, 중량은 체중의 약 7~8%에 달하여 신체 기관 중에 가장 크다. 피부의 두께는 일반적으로 각질층 0.02~0.03mm, 표피층 0.2mm, 진피 1~2mm 정도이며, 눈꺼풀은 0.2~0.6mm, 손과 발바닥은 2~6mm로 성별, 연령 등에 따라 차이가 있다.

피부의 구조는 크게 형태학적 구조와 조직학적 구조로 분류할 수 있다. 형태학적 구조는 모공, 피부 결, 소릉, 소구 등으로 분류하고 피부의 표면 형태에 따라 피부구조 중 볼록하게 올라온 곳을 소릉, 오목하게 안으로 들어간 곳을 소구라고 한다. 피부 결은 소구와 소릉의 차이에 의해 결정된다. 한공은 소릉의 중심에 있으며, 모공은 소구가 교차하는 곳에 있다. 조직학적 구조는 신체의 표면을 덮고 있는 바깥 층으로부터 표피, 진피, 피하조직의 3층으로 구성되어 있으며 그외 피부 부속기관으로 피지선, 한선, 입모근, 손톱, 발톱 등이 있다.

표피의 구조

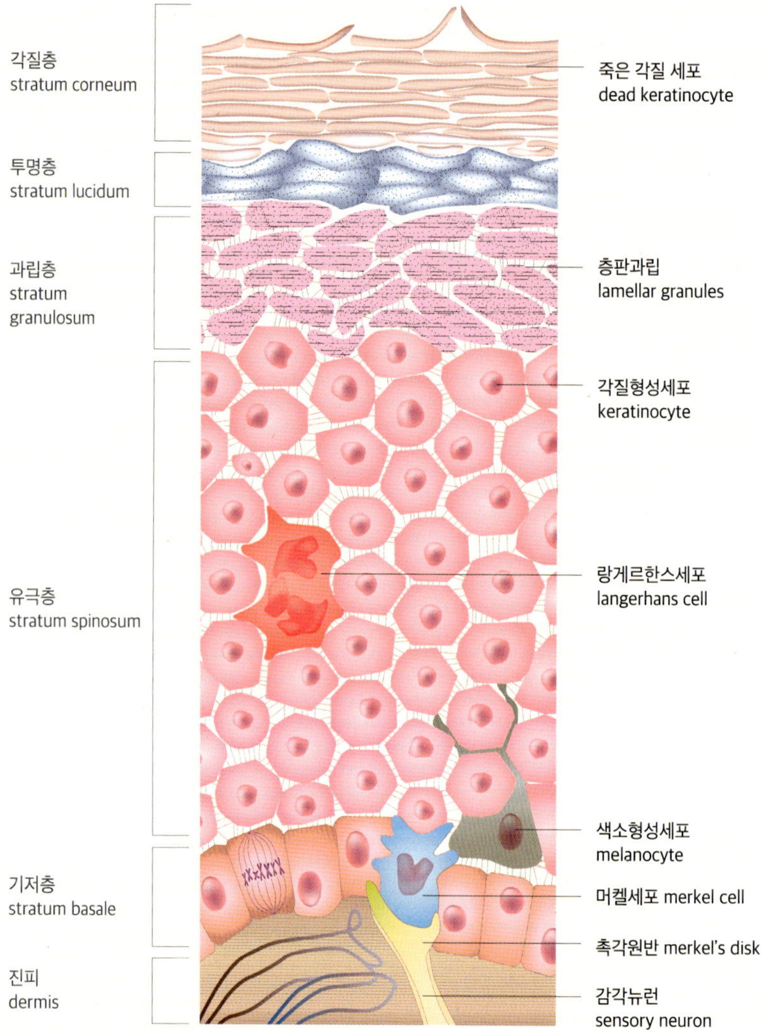
각질층
stratum corneum
투명층
stratum lucidum
과립층
stratum
granulosum
유극층
stratum spinosum
기저층
stratum basale
진피
dermis
죽은 각질 세포
dead keratinocyte
층판과립
lamellar granules
각질형성세포
keratinocyte
랑게르한스세포
langerhans cell
색소형성세포
melanocyte
머켈세포 merkel cell
촉각원반 merkel's disk
감각뉴런
sensory neuron

I. 표피

표피는 중층편평상피로 구성되어 있으며 피부의 제일 바깥층으로 무핵층과 유핵층으로 구분된다. 확산작용으로 물질교환이 이루어지며 각질형성세포(keratinocyte), 멜라닌세포(melanocyte), 머켈세포(merkel cell), 랑게르한스세포(langerhans cell) 등이 존재한다.

1) 표피의 구조

(1) 기저층(stratum basale, basale layer)

가장 아래의 단층의 원추형 유핵세포로 구성되어 있으며, 배아층이라고도 한다. 수분 함량은 70%이며, 진피의 유두층과 물결 모양으로 접하고 있다. 진피의 모세혈관을 통해 영양을 공급받고 세포 분열을 촉진하여 새로운 세포를 생성한다. 각질형성세포(keratinocyte)와 멜라닌세포(melanocyte)가 4 : 1~10 : 1의 비율로 존재하고 기저층의 세포분열은 낮보다는 밤에 이루어지며 대략 오후 10시~오전 2시 사이에 가장 활발하다.

(2) 유극층(stratum spinosum)

표피가운데 가장 두꺼운 층으로 5~10층으로 구성되어 있으며 핵을 가진 유극세포로 활발하지는 않지만 세포 분열이 가능하다. 세포와 세포 사이에는 림프액이 흐르고 랑게르한스세포(langerhans cell)가 존재한다. 세포와 세포 사이를 다리 모양으로 연결하여 세포간교를 형성하며 세포간교를 통해 물질대사를 이루어지게 한다.

(3) 과립층(stratum granulosum, granular layer)

각질층의 중간층으로 3~5개 층의 방추형으로 구성되어 있으며 각질화 과정이 시작되는 층으로 1단계의 과립세포에 해당한다. 과립세포 속에서 세포핵과 세포기관이 사라지고 케라토히알린(keratohyalin)과 층판소체(lamellated corpuscles)가 나타난다. 유황단백질을 많이 함유하고 있는 케라토히알린(keratohyalin) 과립은 케라틴을 형성하는 전구물질로 각질유리과립이라 한다.

(4) 투명층(stratum lucidum)

생명이 없는 2~3층의 투명한 무핵 평편세포로 구성되어 있으며, 주로 손바닥과 발바닥에서 관찰되는 세포층이다. 반유동적인 단백질 성분인 엘라이딘(elaidin)을 함유하고 있어 빛을 굴절시켜며 빛을 차단하는 특성이 있다. 또한 수분을 흡수하지 않으므로 외부로부터 수분 침투를 방지하는 역할을 한다.

(5) 각질층(stratum corneum)

표피의 가장 바깥 층으로 생명이 없는 죽은 세포로서 15~30층으로 겹겹이 쌓여 외부의 물리적 충격과 화학적 자극으로부터 우리 몸을 보호하는 장벽 역할을 한다. 세포간지질(lipid)이 세포와 세포를 단단하게 결합시켜 라멜라 구조를 이루고 있으며 수분의 손실을 억제한다. 구성성분은 케라틴(keratin) 58%, 천연보습인자(natural moisturizing factor) 31%, 세포간지질 11%로 구성되며, 수분 함량은 10~20%이고, pH 5.5~6.5의 약산성 피지막으로 덮혀 보호막 역할을 한다.

2) 표피층의 구성세포의 역할

(1) 머켈세포(merkel cell)

기저층에 위치하고 있으며 촉각수용체로서 피부에 촉각을 감지하는 감각세포이다. 손바닥, 발바닥, 입술 등에서 주로 발견되며 촉각수용체로서 각질세포와 많은 데스모좀(desmosome)에 의해 부착되어 있다.

(2) 랑게르한스세포(langerhans cell)

별 모양의 세포돌기를 가진 것으로 표피세포 중 2~4%를 차지하며, 주로 유극층에 존재하고 점막의 상피, 구강과 림프절, 피지선, 한선 등에 존재한다. 이들 세포는 피부의 면역에 관계하며 알레르기 반응을 일으킨다.

(3) 각질형성세포(keratinocyte)

표피의 80~95%를 차지하는 각질형성세포는 각질을 만들어 내는 중요한 세포이다. 표피 중 아래층인 기저층에서 생성된 각질형성세포는 세포분열을 통해 새로운 세포를 만들어 낸다. 생성된 세포는 점차적으로 이동하면서 피부표면의 가장 위층으로 밀려 올라감에 따라 형태와 성질이 단계적으로 바뀌어 마지막 단계에서 결합력이 약해져 딱딱한 각질로 변해 피부로부터 들뜬 얇은 조각 상태가 되어 떨어져 나간다. 이런 일련의 과정을 각화(keratinization) 과정이라 하며 각화 과정이 정상적으로 이루어지지 않으면 과각화증상이 나타난다.

(4) 멜라닌형성세포(melanocyte)

피부색은 멜라닌, 헤모글로빈, 카로틴의 색소에 의해 결정되며 특히 멜라닌 색소가 가장 큰 영향을 미친다. 멜라닌은 멜라닌형성세포에서 만들어져 세포돌기를 통해 각질세포로 전달된다. 멜라닌형성세포는 자외선의 영향을 받게 되면 더 많은 멜라닌을 생성하여 색소침착을 초래한다. 피부색은 멜라닌세포 내의 멜라닌소체의 크기, 멜라닌화의 정도, 멜라닌소체의 분해에 의해 결정된다. 색소세포인 멜라닌세포는 표피의 기저층에 존재하며 5~10%를 차지한다.

2. 표피와 진피의 경계부 (dermoepidermal junction)

진피와 표피의 경계부는 기저막으로 이루어져 있다. 기저막은 표피세포를 지지하는 지지대 역할을 하고 표피의 형성을 조절하는 기능을 한다. 또한 표피세포의 신진대사에 영향을 준다.

3. 진피(dermis)

진피는 표피와 피하지방층 사이에 위치하고 있다. 피부의 90%을 차지하며, 표피보다 10~40배가량 두꺼운 결합조직으로 이루어진 실질적인 피부이다. 진피의 구성세포로는 섬유아세포, 비만세포, 식세포 등이 있다. 진피층의 경계는 뚜렷하지 않으나 유두층과 아랫부분의 망상층으로 나눌 수 있고, 교원섬유, 탄력섬유, 점 다당류인 세포간기질로 구성되어 있다. 또한 피부부속기관들과 혈관 및 신경 등이 존재한다. 진피는 표피의 영양 공급과 산소 공급을 돕고 상호작용을 하여 피부의 재생을 돕는다.

1) 진피의 구조

(1) 유두층(papillary layer)

유두층은 진피층 상부 기저막의 기저층과 접합되어 물결 모양을 하며, 진피의 20%를 차지한다. 신경종말은 감각소체를 형성하여 촉각과 통각의 감각기능을 전달하는 역할을 하고, 모세혈관, 신경종말, 림프관이 풍부하게 분포되어 있다. 모세혈관을 통해 기저층에 산소와 영양 공급을 하며, 림프관을 통해 표피의 노폐물을 배출시킨다.

(2) 망상층(reticular layer)

망상층은 유두층 아래에 위치하는 층으로 진피층의 대부분인 80%를 차지한다. 그물 모양의 단단하고 불규칙한 결합조직으로 혈관, 림프관, 피지선, 한선, 신경, 털세움근 등의 부속기관이 복잡하게 분포되어 있고 감각기관으로 압각, 온각, 냉각이 있다. 일정한 방향을 가진 교원섬유와 탄력섬유가 치밀하게 그물망 형태를 형성하며 결합되어 있고 두 섬유질 사이에 무코다당류가 젤 상태로 분포되어 있다. 피부 노화와 탄력 저하는 콜라겐, 엘라스틴, 무코다당류 등의 저하에 의해 나타나며 망상층의 팽창성과 탄력성에 따라 주름이 형성된다.

2) 진피층의 구성세포와 역할

(1) 섬유아세포(fibroblast)

❶ 섬유아세포는 편평하고 방추형으로 길쭉하며 평편한 외형에 넓은 날개를 펼친 새 모양이다.

❷ 프로콜라겐 분자를 만들어 낸다.

❸ 섬유아세포는 콜라겐섬유(collagenous fiber), 탄력섬유(elastic fiber), 세포기질(ground substance)을 생성하는 역할을 한다.

❹ 프로콜라겐 분자를 만들어 섬유아세포가 증가하면 콜라겐 생성이 5배 증가한다.

❺ 결합조직의 밀도를 증가시켜 피부가 탱탱해지고 피부벽이 개선되며 주름이 펴진다.

진피의 구성물질

구분	특징
콜라겐섬유 (collagen fiber)	• 백색(白色)섬유라고도 한다. • 세포질의 소포체와 골지체에서 합성이 시작되어 세포 밖으로 분비된다. • 콜라겐은 3종류의 아미노산(glycin, proline, hydroxyproline)이 반복 결합되어 있다.
엘라스틴섬유 (elastin fiber)	• 황색 섬유이다. • 진피의 건조 중량의 3%를 차지하는 두꺼운 섬유이다. • 교원섬유보다 짧고 가늘고 탄성이 있다. • 피부를 당겼을 때 원래의 피부로 돌아가는 것은 엘라스틴의 탄성에 의해 결정되며, 길이의 1.5배까지 늘어난다. 혈관, 호흡기계 그리고 인대 등에서 그물망 또는 다발을 형성하고 있다.
기질 (ground substance)	• 진피 내의 결합섬유 사이를 채우고 있는 물질이며 점다당질(무코다당류)이 주성분이다. • 히알루론산, 콘드로이틴황산, 헤파린 황산염 등으로 이루어져 있다. 대부분 황산기를 가지고 있어 자기 몸무게의 수분을 흡수할 수 있는 능력을 가지고 있다.

(2) 대식세포(macrophage)

❶ 대식세포 또는 탐식세포라고 한다.

❷ 성장인자를 생산하는 섬유아세포와 혈관내피세포의 손상된 조직을 치유한다.

❸ 진피의 면역을 담당하는 세포로 사이토카인을 분비하여 면역작용을 조절하며 림프절로 들어오는 세균의 제거 등 여러 가지 기능을 한다.

(3) 비만세포(mast cell)

조직에 존재하는 세포로 피부, 기관지 점막 등 외부 이물질인 먼지, 세균 등이 침입하기 쉬운 다양한 조직에서 발견된다. 알레르기 반응의 시작에 중요한 세포로서 모세혈관 주변에 주로 분포하며, 히스타민을 분비하여 혈관을 확장시켜 식세포 작용을 하는 백혈구를 유도하는 신호물질을 분비한다.

4. 피하조직(subcutaneous tissue)

1) 지방(fat)

진피와 근막 사이 등에 위치하고 느슨한 결합조직으로 벌집 모양의 지방세포들이 축적된 중성지방(triglyceride)의 형태인 지방세포로 백색지방세포(white adipocyte)와 갈색지방세포(brown adipocyte)로 구분된다. 피부의 가장 깊숙한 곳에 위치한 피하조직은 체온 조절 기능, 외부 충격 흡수 등 신체 내부의 손상을 막는 물리적 기능을 한다. 또한 지방조직이 신체의 체내 에너지 평형을 유지하기 위해 성장인자, 호르몬, 사이토카인 등을 분비하는 내분비 기능을 수행한다. 신체 부위나 성별, 나이 등에 따라 피하조직의 두께도 달라진다. 일반적으로 피하조직은 여성호르몬의 영향을 받아 피하지방을 증가시킨다. 그러므로 여성이 남성보다 피하지방층이 두꺼우면서 곡선미를 나타낸다.

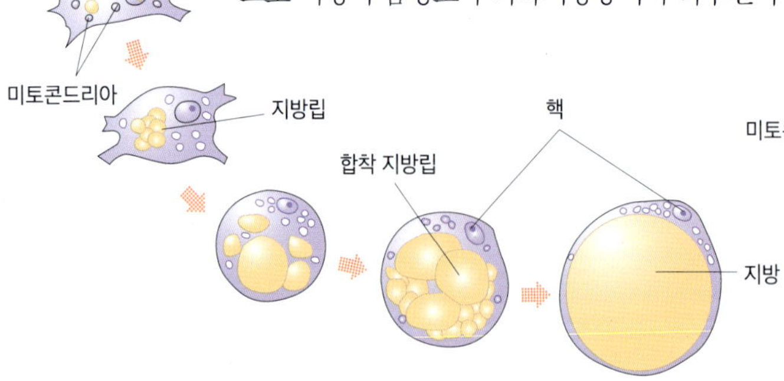

지방세포가 만들어지는 과정

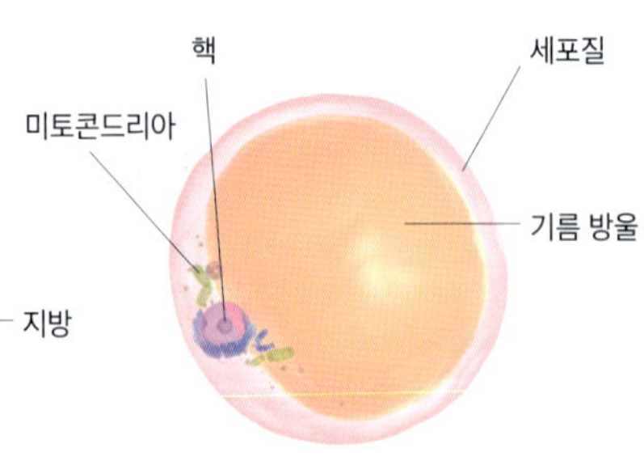

백색지방세포(white adipocyte)

지방세포의 특성에 따른 비만의 분류

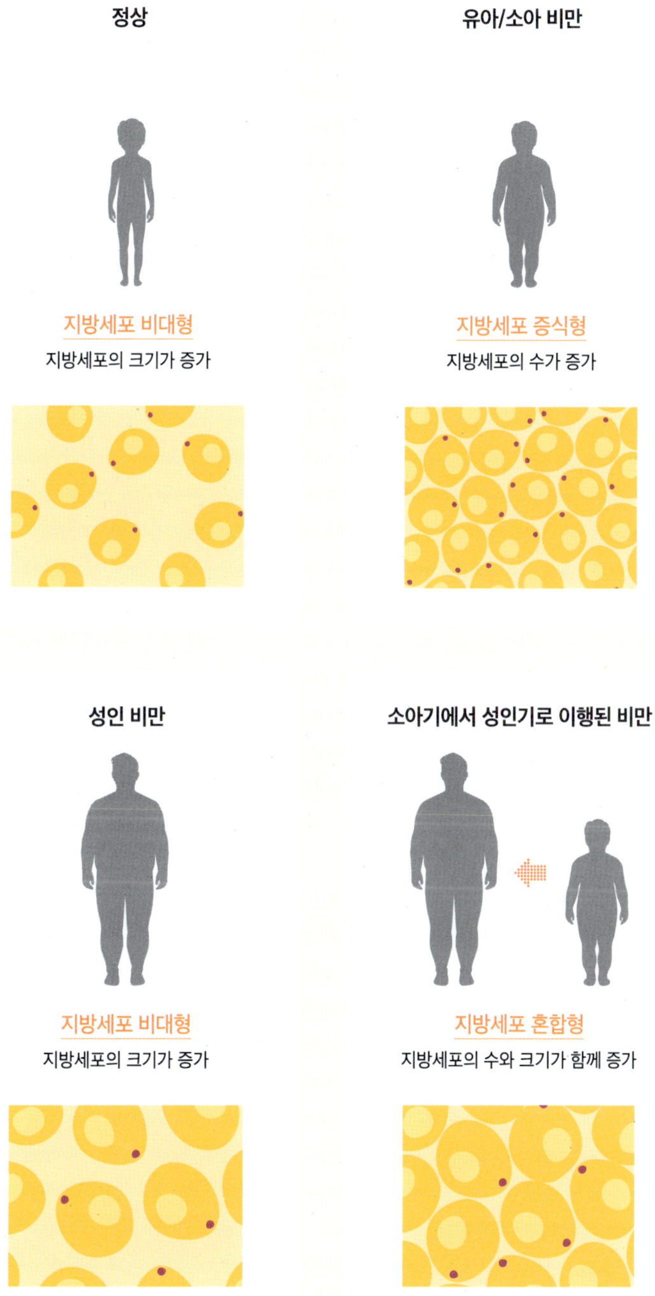

2) 셀룰라이트(cellulite)

지방에 노폐물과 체액, 조직액이 축적되어 뭉치면서 울퉁불퉁해진 상태이다. 피하조직이 두꺼워지게 되면 섬유성 진피 결합조직 사이로 밀고 올라와 피부 표면이 오렌지 껍질처럼 울퉁불퉁 튀어 올라오게 된다. 셀룰라이트는 국소적인 지방축적으로 미세혈류, 림프순환 및 지방세포의 구조적 변화로 림프관과 혈관이 압박되어 순환장애가 일어난다. 또한 부종과 결절이 발생하여 국소적 대사장애가 발생하면 피부 변화를 초래하고 몸매 굴곡의 불균형을 가져오게 된다. 비만이 아닌 마른 체형의 경우에도 생길 수 있다. 셀룰라이트는 압축형 셀룰라이트, 부종형 셀룰라이트, 연성 셀룰라이트, 섬유질 셀룰라이트로 나뉘며, 주로 아랫배, 윗 팔뚝, 엉덩이, 허벅지 안쪽, 배꼽 아래 등에서 관찰된다. 혈액순환 및 림프순환이 원활하지 않아 정체된 체액 배출 에 문제가 발생하므로 비만과 함께 순환계 질환의 원인으로 작용한다.

셀룰라이트 형성 부위

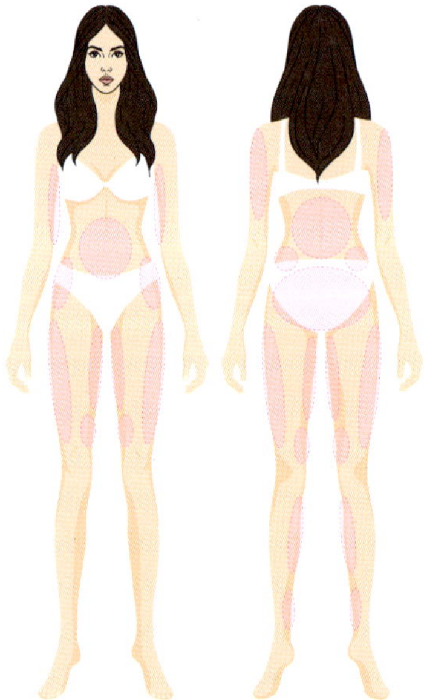

셀룰라이트 형성 부위

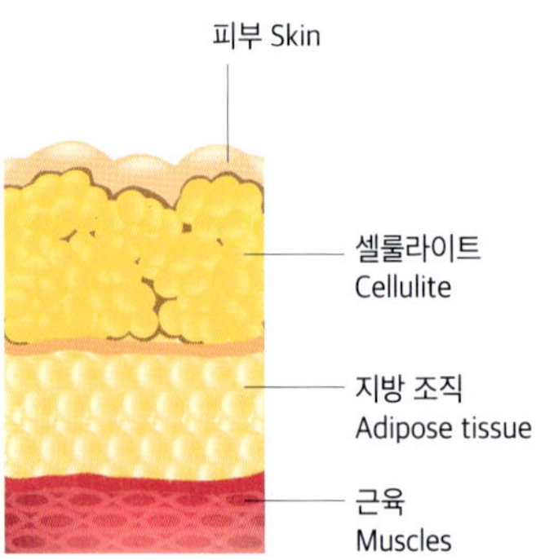

셀룰라이트 세포

피부의 기능

구분	특징
보호 작용	외부의 충격과 자극으로부터 신체 내부를 보호하는 쿠션 역할을 한다. 기계적 자극, 화학적 자극, 광선으로부터의 보호 등 피부를 보호하는 보호작용을 한다.
분비 · 배설 작용	피지선에서 피지를 분비하고 땀샘에서 땀을 외부로 배설하여 체내의 노폐물을 배설한다.
체온 조절 작용	우리 몸의 체온은 일정한 항상성을 유지하며, 한선은 체온조절을 돕는다. 체열 발산은 피부를 통해 대부분 일어나며 조절된다.
흡수 작용	각질층, 한선, 모공을 통해 물질을 흡수하며, 피부의 상태, 환경 등에 영향을 받는다.
호흡 작용	산소를 받아들이고 이산화탄소를 배출한다.
바타민 D 작용	비타민 D의 합성은 자외선 B 광선에 노출되어야 이루어지며, 칼슘의 흡수 촉진과 인의 대사에 관여하여 뼈 건강에 중요한 작용을 한다.
감각 · 지각 작용	자극을 받으면 피부의 각 감각점에서 이를 받아들여 대뇌로 전달하여 피부감각을 느끼게 한다. 감각점의 분포는 통각 > 압각 >냉각 > 온각순이다.

5. 피부 부속기관

피부 부속기관은 한선, 피지선, 모발, 손톱, 발톱, 치아 등이 있다. 이 단락에서는 한선과 피지선 및 피지막을 살펴본다.

1) 한선(sweat gland)

진피와 피하지방의 경계부에 위치한 한선은 피부 표면에 땀을 분비하는 기능을 한다. 크기와 기능에 따라 소한선(에크린한선, eccrine sweat gland)과 대한선(아포크린한선, apocrine sweat gland)으로 나눌 수 있다. 한선은 진피의 망상층에 실뭉치 모양으로 엉켜, 200만 개의 한선이 존재한다. 땀은 하루 평균 한선을 통해 1일 0.6 ~ 1.2L 정도 분비되며 체온 조절과 함께 피부의 피지막과 산성막 형성에 관여한다. 땀은 99%의 수분과 1%의 고형질로 이루어져 있으며, 땀에 함유되어 있는 우로카닌산은 자외선 A로부터 피부를 보호해 주며 천연보습인자를 함유하고 있어 보습력을 좋게 한다. 발한 시 적절히 땀을 배출하면 신체 내의 유해물질이나 노폐물이 배출되어 피부를 맑고 윤택하게 한다.

2) 피지선(sebaceous gland)

진피와 피하지방의 경계부에 위치한 피지선은 피부의 표면에 지질을 공급하는 기능을 한다. 피지선의 대부분은 진피층의 모낭에 부속되어 '모낭샘'이라 불리기도 한다. 얼굴의 T존 부위 및 두피, 가슴 등에 집중되어 있으며, 발바닥과 손바닥을 제외한 전신에 존재한다. 피지선은 대부분 모낭에 부착되어 있으나 털과 연결되지 않은 윗입술, 생식기, 유두, 눈꺼풀 등에서 볼 수 있으며 이를 독립 피지선이라고 한다.

피지의 분비량은 피지선의 수와 밀접한 관계가 있고, 하루 평균 1~2g의 피지를 분비한다. 피지의 성분으로는 트리글리세라이드(triglyceride) 43%, 왁스 에스테르(wax ester) 25%, 지방산(fatty acid) 16%, 스쿠알렌(squalene) 12%, 콜레스테롤에스테르(cholesterol esters) 2% 등으로 구성된다. 피지의 분비는 외부의 온도, 계절, 연령, 호르몬, 환경, 개인의 건강상태 등에 큰 영향을 미친다.

3) 피지막

피지 중에 함유된 콜레스테롤 및 인지질 등의 지방은 땀과 기름을 유화시켜 피부 표면에 피지막이라는 얇은 막을 형성한다. 피지막은 피부와 모발을 부드럽고 윤기 있게 한다. 피부 표면의 피지막은 pH 5.5로 세균 발육을 억제하며, 미생물의 침입으로부터 피부를 보호한다. 또한 체온의 저하도 막아준다. 적당한 피지는 피부를 보호한다.

chapter
02

해부생리학

이 장에서는 해부생리학적 지식을 학습하고 난 후 뱀부(대나무)테라피의 실전 사용에 인체가 어떻게 반응하는가를 이해하고 설명할 수 있다.

해부학은 인체의 내적 · 외적 구조나 형태를 연구하는 학문이며, 생리학은 인체에 다양한 기능이 일어날 때 어떻게 정상적인 기능을 수행하는지에 대해 활성 과정을 연구하는 학문이다.

살아있는 생명체의 생명 활동의 최소 단위는 세포이다. 세포마다 고유한 기능을 가지며, 분화의 방향이 같고 구조와 기능이 비슷한 세포들이 모여 조직을 형성한다. 이런 조직들로 이루어져 각각의 기관과 기관계로 연결되어 유기적 구성을 통해 하나의 개체를 이룬다.

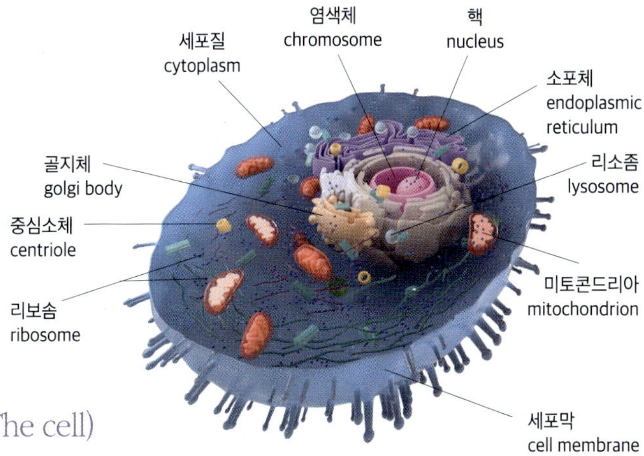

I. 세포(The cell)

1) 정의

세포는 우리 몸을 구성하는 살아있는 상태의 최소 단위이다. 우리 몸은 약 7조 5억 개의 세포들로 이루어져 있으며 크기와 형태, 기능이 다양하다. 세포의 크기는 보통 10~100㎛이다. 주로 생명 유지에 필요한 호흡, 소화, 생식, 움직임 등을 행하기 위해 함께 일을 한다.

2) 세포의 구조

세포는 원핵세포와 진핵세포로 구분하고 식물, 동물, 곰팡이 등의 세포들은 진핵세포에 속한다. 모든 인체 세포들은 핵(nucleus), 소기관(organelles), 세포질(cytoplasm), 세포막(cell membrane)을 가지고 있으며 각각의 구성요소는 특정한 용도를 지니고 있다. 적혈구, 혈소판, 각질세포 등은 인체에서 핵을 갖지 않는 세포이다.

(1) 세포막(cell membrane)

세포를 둘러싸고 있는 얇은 막으로 인지질 이중층으로 되어 있다. 세포막은 물질의 이동에 중요한 역할을 하고 외부 환경과 경계를 이루며 선택적인 투과성을 갖고 있다. 세포막의 주성분은 인지질과 당지질, 콜레스테롤 등으로 이루어져 있으며, 수용성은 통과 불가능하고 지용성 물질만 통과 가능하다.

(2) 핵과 핵소체(nucleus & nucleolus)

핵은 이중막으로 둘러싸여 있고, 핵의 안과 밖으로 물질이 통과할 수 있는 핵공(pores)을 가지고 있으며 염색질과 핵산, 핵소체로 이뤄진 기관이다. 핵소체는 단백질과 ribosomal RNA가 결합한 구조이며 리보소체(ribosomes)를 만들어내는 부위이다.

세포소기관의 기능

구분	특징
리보소체 (ribosomes)	RNA로 구성되어 있고, 효소와 세포 복구 및 생식에 필요한 단백질의 생성을 돕는다.
중심체 (centrosomes)	세포분열에 관여하며 세포분열 시 양극으로 이동하여 성상체를 이룬 후 방추사를 형성한다.
미토콘드리아 (mitochondria)	인지질 이중막으로 되어 있으며, ATP를 생산하는 곳으로 우리 몸에서 세포의 복구, 이동, 생식을 위해서 필요로 하는 에너지 중 95% 정도를 공급한다. 더 많은 에너지를 필요로 할 때는 분열하여 그 수를 더 늘린다.
형질내세망 (endoplasmic reticum, 소포체)	조면소포체는 표면에 리보소체가 붙어 있는 것으로 리보소좀에서 생성된 단백질을 운반한다. 활면소포체에는 리보소체가 붙어 있지 않으며, 지질과 스테로이드를 합성하고 화학적반응이 일어난다. 간세포의 해독작용이 활면소포체에서 일어난다.
골지체 (golgi apparatus)	각 층의 속이 빈 공간을 수조(cistern)라고 하며 소기관의 작용이 일어나는 곳이다. 형질내세망에서 떨어져 나온 골지체는 포장(저장 기능)을 하는 것이다.
용해소체 (lysosome, 리소좀)	인지질막으로 이루어져 있으며 소포 내에 있는 고분자 물질들을 분해하는 가수분해반응을 촉진시키는 단백질이다. 가수분해효소는 상처난 부위의 죽은 세포를 분해하거나 세포 내로 들어온 외부물질 또는 세포 내 노폐물 등을 분해하는 세포 내 소화를 담당한다.

2. 조직(tissue)

조직(tissue)이란 모양과 기능이 같은 세포들이 일정한 기능을 수행하기 위해서 비슷한 세포들끼리 모여 있는 집단이다. 인체의 4가지 기본 조직은 상피조직(epithelial tissue), 결합조직(connective tissue), 근육조직(muscular tissue), 신경조직(nerve tissue)이다.

여러 세포의 예

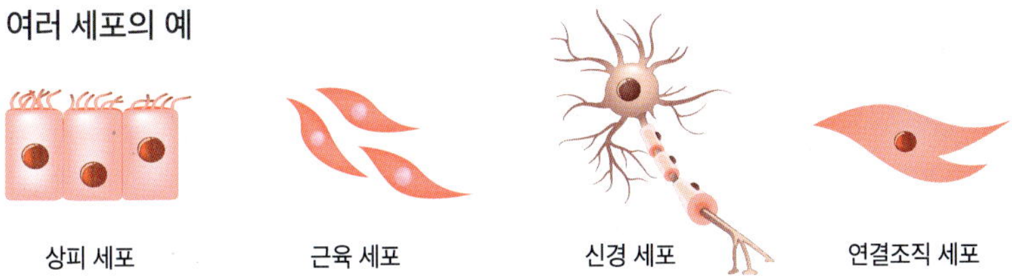

1) 상피조직(epithelial tissue)

상피조직은 세포들이 형태를 이루기 위해 단단히 결합된 얇은 판과 같다. 모양과 배열에 따라 편평(squamous), 입방(cuboidal), 원주(columnar) 또는 늘어나면서 모양이 변하는 이행(transitional) 등의 상피로 구분할 수 있으며, 세포층의 수에 따라 같은 세포들이 한 개의 층을 이루는 단층상피(simple epithelium)와 많은 층을 이루는 중층상피(stratified epithelium)로 나눈다. 상피의 기능은 흡수 기능, 감각 기능, 분비 기능(한선, 피지선 등) 등이 있다.

2) 결합조직(connective tissue)

결합조직은 인체 내에서 조직과 조직 사이, 조직과 기관 사이를 메우며 기관의 피막, 뼈, 신경, 근육 그리고 진피, 지방(fat) 등 신체 전반에 걸쳐서 가장 많이 볼 수 있는 조직이다. 결합조직은 구조물의 구조를 유지하고 지지하는 역할을 하며 세포와 고유기질과 섬유성분으로 구성되어 있다.

3) 근육조직(muscular tissue)

근육조직은 신체에 움직임을 제공하며 수축성을 가진 근섬유세포로 되어 있다. 이런 형태는 수축과 이완작용을 반복적으로 하는 조직이며 스스로 짧아지는 힘, 즉 수축력(contractitity)을 가지고 있다. 근육조직은 뼈대근(skeletal), 심장근(cardiac), 민무늬근(smooth, 내장근)으로 나뉜다.

4) 신경조직(nerve tissue)

신경조직은 신체 내 · 외에서 일어나는 정보를 빠르게 전달하는 정보 전달 기능조직이며 신경세포(뉴런, neuron)와 신경세포를 지지하는 신경교세포(neuroglia cell)로 나뉜다. 신경교세포는 신경세포 사이에서 그물 구조를 만들어 신경세포를 받치고 있다. 신경세포는 정보를 세포체(cell body)로 받아들이는 부분인 가지돌기(dendrite)와 핵을 가지고 정보를 판단하는 세포체에서 정보를 전달하는 축삭돌기로 구성된다. 기능에 따라 감각신경세포(sensory neuron)와 운동신경세포(motor neuron), 연합신경세포(associate neuron)로 나뉜다. 감각신경세포(sensory neuron)는 감각수용기로 들어오는 자극을 중추신경계로 전달하며, 운동신경세포(motor neuron)는 중추신경계에서 근육과 피부의 자극을 전달하여 자극에 대응한다. 연합신경세포(associate neuron)는 신경 경로에서 감각신경세포와 운동신경세포를 결합시켜 주는 중간신경세포이다. 신경전달물질로는 아세틸콜린, 노르에피네프린, 에피네프린, 세로토닌, 엔도르핀 등이 있다.

3. 계통(systems)

계통은 기관 단독으로 수행되는 일보다 좀 더 복잡한 일을 수행하기 위해 기관들이 모여서 함께 일을 하는 것을 말한다. 계통은 뼈대계통, 근육계통, 외피계통, 신경계통, 내분비계통, 심혈관계통, 호흡기계통, 림프계통과 면역계통, 위장계통(소화기계통), 비뇨기계통, 생식기계통으로 나뉜다.

1) 뼈대계통

성인의 뼈는 총 206개의 뼈대로 구성되어 있다. 빌딩의 철골구조와 같이 인체를 지지해 주는 것이 뼈대이다. 뼈대는 신체에서 지지작용, 저장작용 및 근육과 함께 움직임을 돕고, 혈구세포를 생산한다. 뼈대계통을 구성하는 것은 뼈(bones), 관절(joints), 인대(ligament), 연골(cartilage) 등이다.

인체의 뼈대

인체의 뼈대는 몸통뼈대(몸통골격, axial skeleton)와 팔 · 다리뼈대(사지골격, appendicular skeleton)로 나뉜다.

인체의 골격도

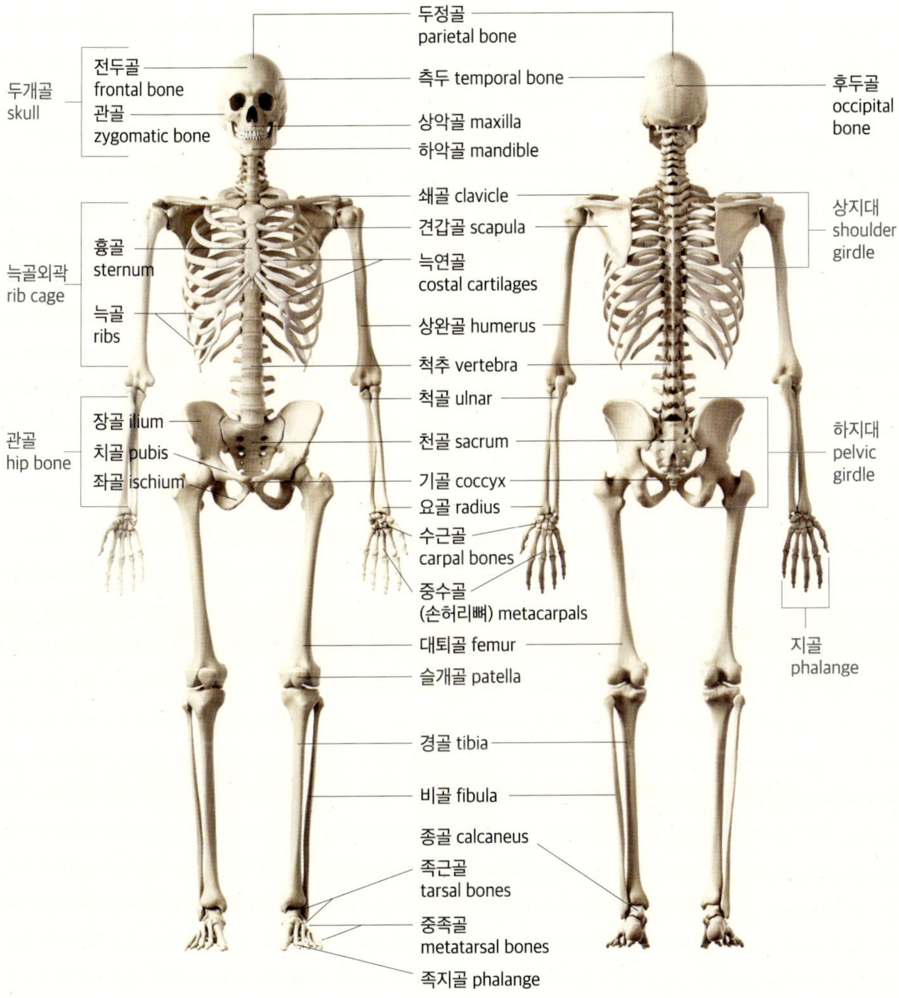

전신의 골격(전면)　　전신의 골격(후면)

분류	부위	뼈의 이름	뼈의 개수
몸통뼈대 (몸통골격, axial skeleton)	뇌머리뼈 (뇌두개골, cranial bones) - 8개	이마뼈(전두골, frontal bone)	1
		마루뼈(두정골, parietal bone)	2
		뒤통수뼈(후두골, occipital bone)	1
		관자뼈(측두골, temporal bone)	2
		나비뼈(접형골, sphenoid bone)	1
		벌집뼈(사골, ethmoid bone)	1
	얼굴뼈 (안면골, facial bones) - 14개	위턱뼈(상악골, maxilla)	2
		입천장뼈(구개골, palatine bone)	2
		광대뼈(관골, zygomatic bone)	2
		눈물뼈(누골, lacrimal bone)	2
		코뼈(비골, nasal bone)	2
		보습뼈(서골, vomer)	1
		아래코선반뼈 (하비갑개, inferior nasal concha)	2
		아래턱뼈(하악골, mandibula)	1
	귓속뼈(이소골, auditory ossicle)		6
	목뿔뼈(설골, hyoid bone)		1
	척추뼈 (척주, vertebral column) - 26개	목뼈(경추, cervical vertebra)	7
		등뼈(흉추, thoracic vertebra)	12
		허리뼈(요추, lumbar vertebra)	5
		엉치뼈(천골, sacrum)	1
		꼬리뼈(미골, coccyx)	1
	복장뼈(흉골, sternum)		1
	갈비뼈(늑골, rib)		24
총			80

분류	부위	뼈의 이름	뼈의 개수
팔다리뼈대 (사지골격, appendicular skeleton)	팔이음대(상지대, Pectoral girdle) - 4개	어깨뼈(견갑골, scapula)	2
		빗장뼈(쇄골, clavicle)	2
	팔뼈 (상지골, bones of upper limbs) - 60개	위팔뼈(상완골, humerus)	2
		노뼈(요골, radius)	2
		자뼈(척골, ulna)	2
		손목뼈(수근골, carpal bones)	16
		손허리뼈(중수골, metacarpal bones)	10
		손가락뼈(지골, phalanx)	28
	다리이음대 (하지대, pelvic girdle) - 2개	볼기뼈(관골, hip bones, coxal bones)	2
		엉덩뼈(장골, ilium)	
		두덩뼈(치골, pubis)	
		궁둥뼈(좌골, ischium)	
	다리뼈 (하지골, bones of lower limbs) - 60개	넙다리뼈(대퇴골, femur)	2
		정강뼈(경골, tibia)	2
		종아리뼈(비골, fibula)	2
		무릎뼈(슬개골, patella)	2
		발목뼈(족근골, tarsal bone)	14
		발허리뼈(중족골, metatarsal bone)	10
		발가락뼈(지골, phalanx)	28
총			126

참고

다리이음뼈는 안쪽에 하나씩 한 쌍의 볼기뼈로 이루어져 있다. 양쪽의 볼기뼈는 앞쪽 가운데에서 서로 관절을 이루고 있으며 뒤쪽에서는 엉치뼈와 연결되어 있다.

• 신근(폄근, extensors) : 신체를 펼 때 작용하는 근육이다.
• 굴근(굽힘근, flexors) : 신체 부위를 구부릴 때 크기를 줄이고 굴곡을 늘리는 근육이다.
• 괄약근(조임근, sphincters) : 구멍의 주변을 조여주는 작용을 하는 근육이다.
• 회내근(엎침근, pronators) : 신체 부위의 안쪽 방향으로 회전시키는 근육이다.
• 회외근(뒤침근, supinator) : 신체 부위의 바깥쪽으로 회전시키는 근육이다.

(4) 근육의 종류

근육조직은 뼈에 붙어 있어 수축과 이완 시에 움직임을 제공하는 뼈대근(skeletal) 또는 무늬근이라고도 한다. 근육조직은 뼈대근(skeletal), 심장근(cardiac), 민무늬근(smooth, 내장근)으로 나뉜다.

심장근(cardiac)은 의지와 상관없이 자율신경계의 조절을 받아 근수축 운동을 할 수 있는 불수의근(involuntary muscle)이다. 민무늬근(smooth)은 가로무늬가 없는 근육으로 내장근(visceral)이라 한다.

❶ 골격근(skeletal muscle)

뼈대근육은 하나의 세포에 여러 개의 핵을 갖고 있는 줄무늬근육이라고 부르며, 뼈에 붙어 수축과 이완의 움직임을 제공한다. 근육세포질망의 일부는 주머니처럼 부풀어 있는 종말수조라고 하며 칼슘이온을 저장한다. 또한 신경-근육 연접으로 접하고 있다. 근육세포는 근육원섬유(myofibril)라 하며 근육미세섬유(myofilament)가 모여 이루어진 다발이다. 근육미세섬유는 굵은 미세섬유와 가는 근육미세섬유의 두 종류가 있다

❷ 심장근(cardiac muscle)

심장벽을 이루는 세포의 길이는 대략 150㎛이며, 한 개 또는 두 개의 핵을 가지고 있으며 사이원반(intercalated)이라는 특별한 세포연결 구조를 가진 원주 모양의 횡문을 갖고 있다. 심장의 기능은 심근을 수축시켜 혈액을 전신의 조직에 보낸다. 좀 더 효율적인 수축을 위해 세포끼리 단단히 맞물려져(interlock) 있어 강한 수축을 지속적으로 할 수 있다.

❸ 내장근(평활근, smooth muscle)

내장근육은 불수의근이며 자율신경의 지배를 받는다. 뼈대근육처럼 줄무늬가 없기 때문에 민무늬근육이라고 한다. 민무늬근육세포는 양끝이 뾰족한 방추형으로 뼈대근육세포에 비해 크기가 적다. 연동운동(peristalsis)처럼 수축 파동을 일으키며, 혈관의 직경을 변화시켜 혈액의 흐름을 촉진한다. 주로 혈관, 림프관, 자궁, 방광, 수뇨관, 내부 장기(위, 소장, 대장 등), 소화관 등의 근육을 구성한다.

근육의 종류

구분	가로무늬	의식	제어	움직임
골격(skeletal)	있다.	수의근	운동신경	아주 빠르다.
심장근(cardiac)	있다.	불수의근	자율신경	조금 빠르다.
민무늬근 (smooth, 내장근, 평활근)	없다.	불수의근	자율신경	느리다.

(5) 인체의 근육

근육조직은 신체에 움직임을 제공한다. 이런 조직의 형태는 스스로 짧아지는 힘, 즉 수축력(contractility)을 가지고 있다.

인체의 근육

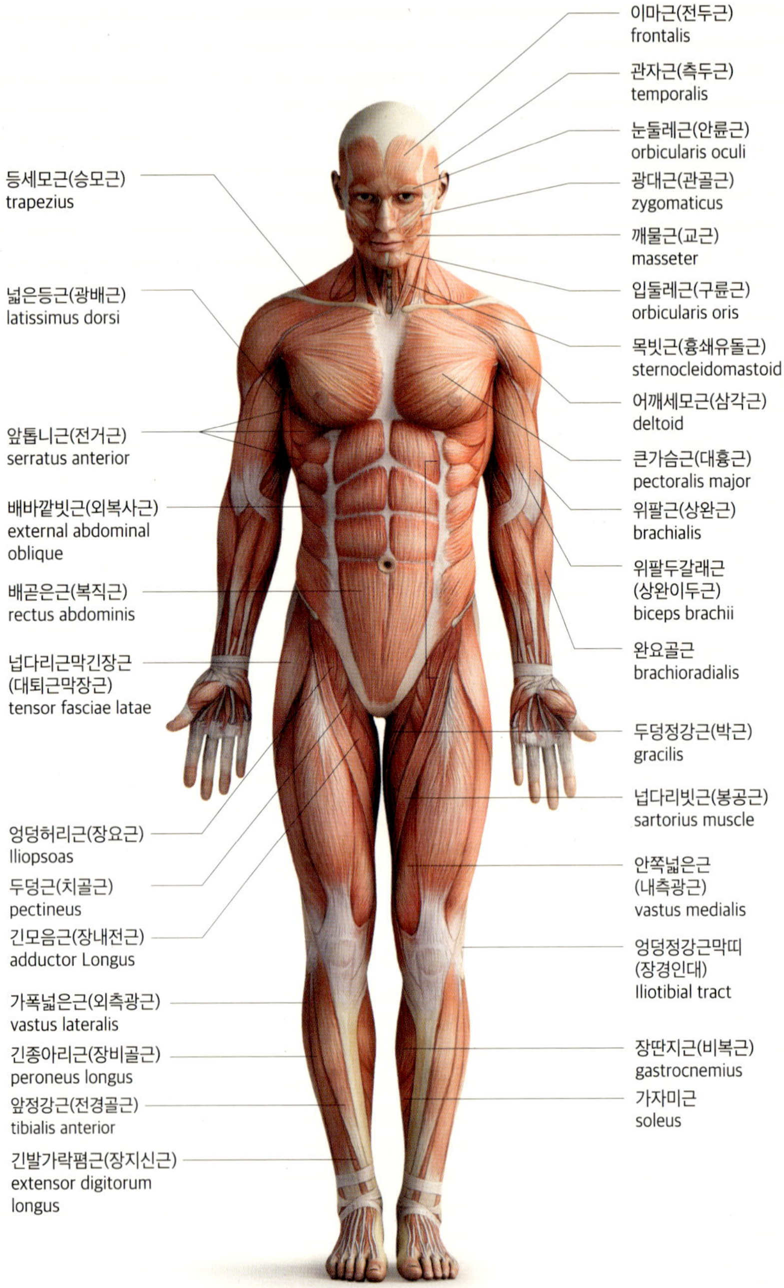

전신의 근육(전면)

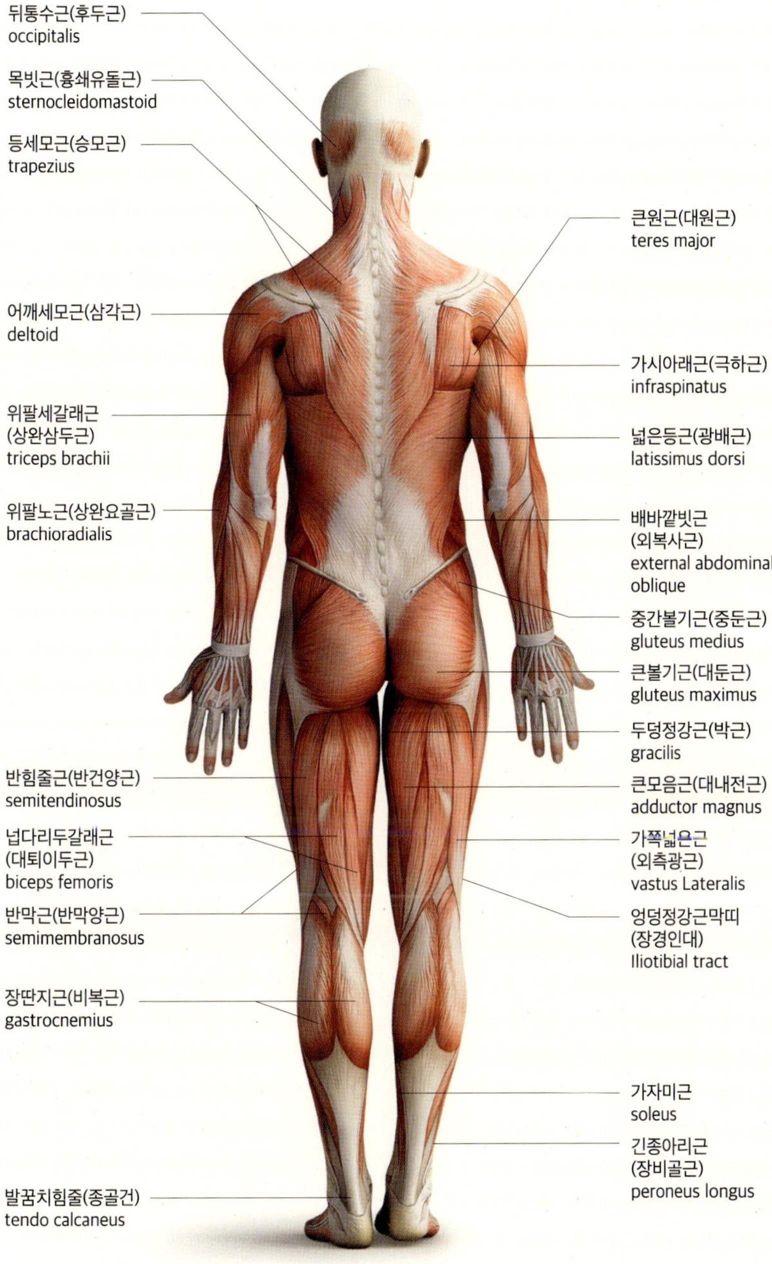
뒤통수근(후두근)
occipitalis
목빗근(흉쇄유돌근)
sternocleidomastoid
등세모근(승모근)
trapezius
어깨세모근(삼각근)
deltoid
위팔세갈래근
(상완삼두근)
triceps brachii
위팔노근(상완요골근)
brachioradialis
반힘줄근(반건양근)
semitendinosus
넙다리두갈래근
(대퇴이두근)
biceps femoris
반막근(반막양근)
semimembranosus
장딴지근(비복근)
gastrocnemius
발꿈치힘줄(종골건)
tendo calcaneus
큰원근(대원근)
teres major
가시아래근(극하근)
infraspinatus
넓은등근(광배근)
latissimus dorsi
배바깥빗근
(외복사근)
external abdominal
oblique
중간볼기근(중둔근)
gluteus medius
큰볼기근(대둔근)
gluteus maximus
두덩정강근(박근)
gracilis
큰모음근(대내전근)
adductor magnus
가쪽넓은근
(외측광근)
vastus Lateralis
엉덩정강근막띠
(장경인대)
Iliotibial tract
가자미근
soleus
긴종아리근
(장비골근)
peroneus longus

전신의 근육(후면)

안면의 근육

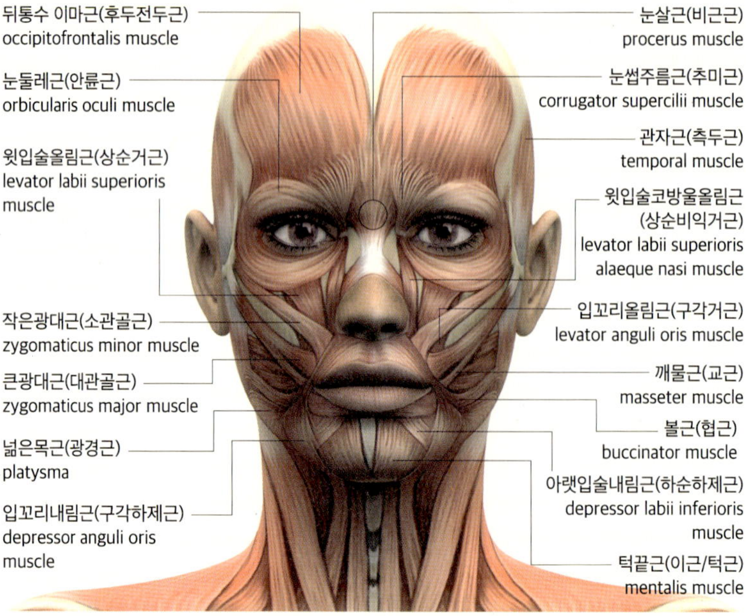

얼굴근육(안면근) 앞모습

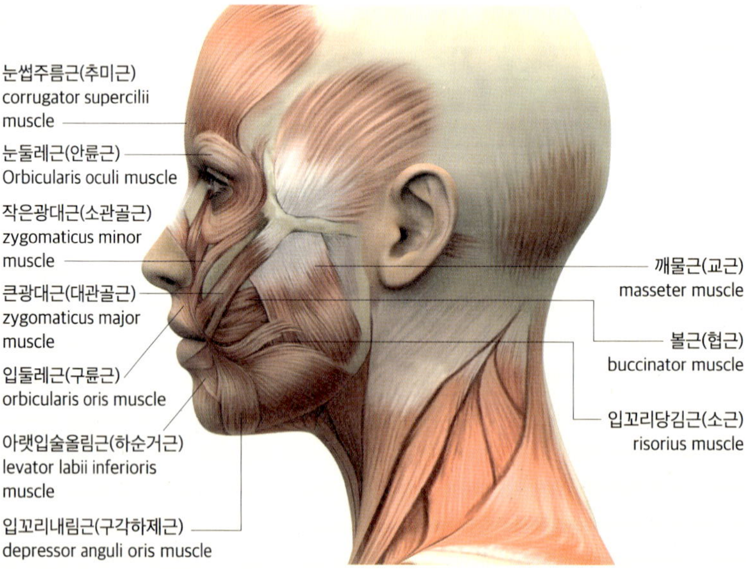

얼굴근육(안면근) 옆모습

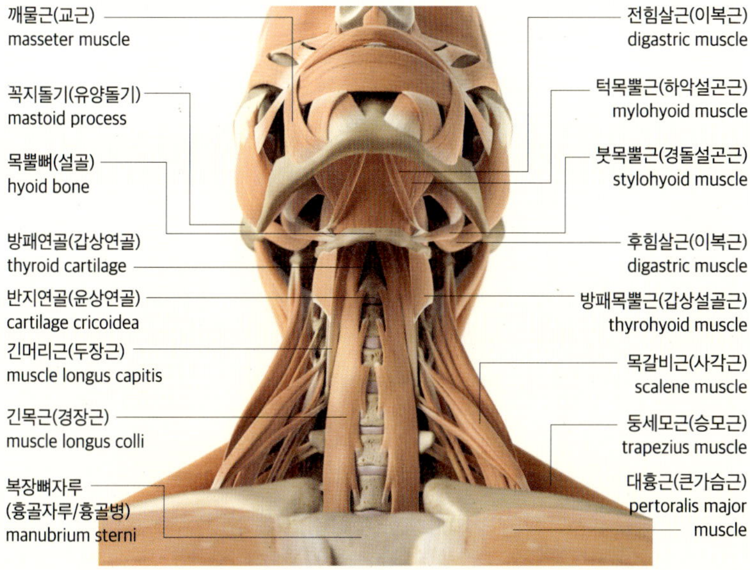
깨물근(교근)
masseter muscle
꼭지돌기(유양돌기)
mastoid process
목뿔뼈(설골)
hyoid bone
방패연골(갑상연골)
thyroid cartilage
반지연골(윤상연골)
cartilage cricoidea
긴머리근(두장근)
muscle longus capitis
긴목근(경장근)
muscle longus colli
복장뼈자루
(흉골자루/흉골병)
manubrium sterni
전힘살근(이복근)
digastric muscle
턱목뿔근(하악설골근)
mylohyoid muscle
붓목뿔근(경돌설골근)
stylohyoid muscle
후힘살근(이복근)
digastric muscle
방패목뿔근(갑상설골근)
thyrohyoid muscle
목갈비근(사각근)
scalene muscle
등세모근(승모근)
trapezius muscle
대흉근(큰가슴근)
pertoralis major
muscle

앞목근육

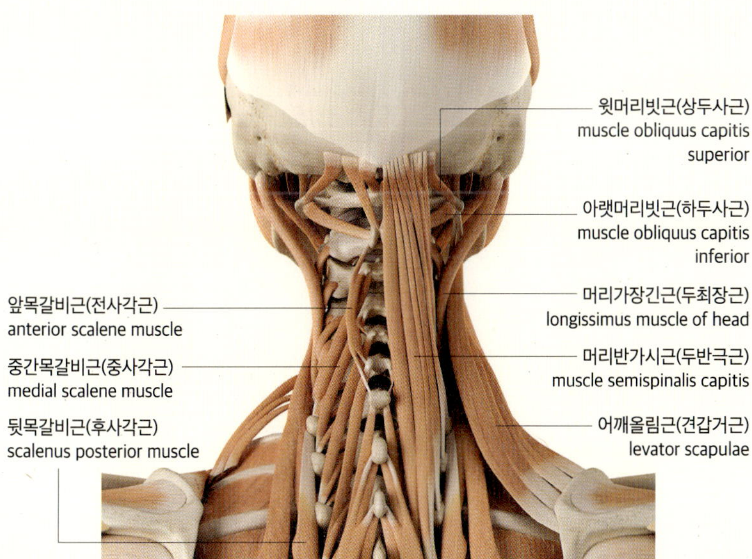
윗머리빗근(상두사근)
muscle obliquus capitis
superior
아랫머리빗근(하두사근)
muscle obliquus capitis
inferior
머리가장긴근(두최장근)
longissimus muscle of head
머리반가시근(두반극근)
muscle semispinalis capitis
어깨올림근(견갑거근)
levator scapulae
앞목갈비근(전사각근)
anterior scalene muscle
중간목갈비근(중사각근)
medial scalene muscle
뒷목갈비근(후사각근)
scalenus posterior muscle

뒷목근육

가슴부위(흉부)근육

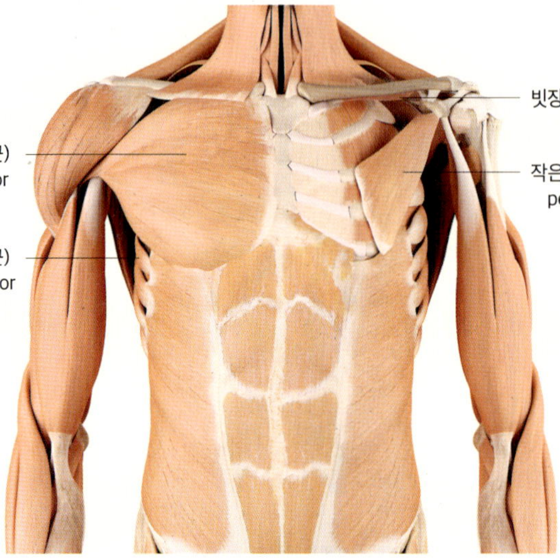

팔이음뼈의 근육

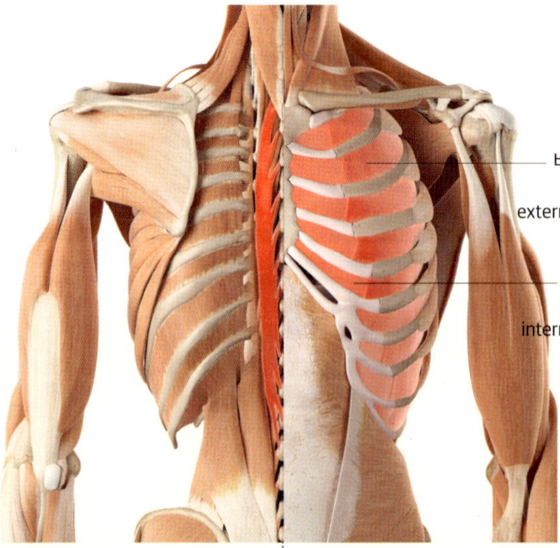

고유가슴근

복부근육

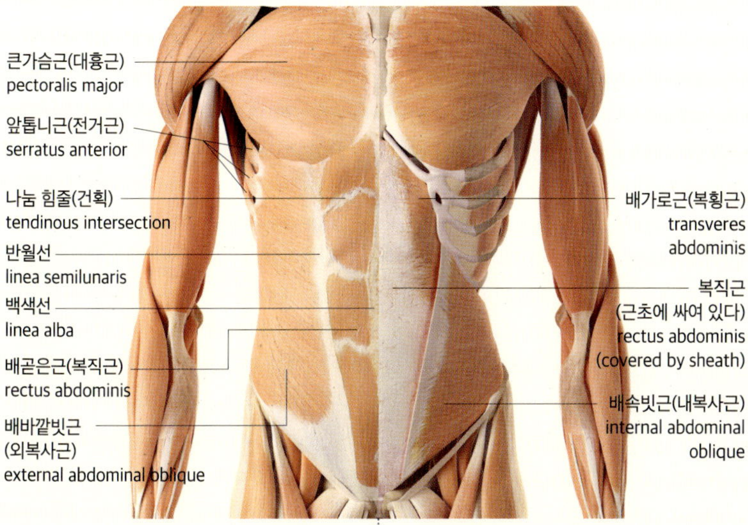
큰가슴근(대흉근)
pectoralis major
앞톱니근(전거근)
serratus anterior
나눔 힘줄(건획)
tendinous intersection
반월선
linea semilunaris
백색선
linea alba
배곧은근(복직근)
rectus abdominis
배바깥빗근
(외복사근)
external abdominal oblique
배가로근(복횡근)
transveres
abdominis
복직근
(근초에 싸여 있다)
rectus abdominis
(covered by sheath)
배속빗근(내복사근)
internal abdominal
oblique
표층부
심층부

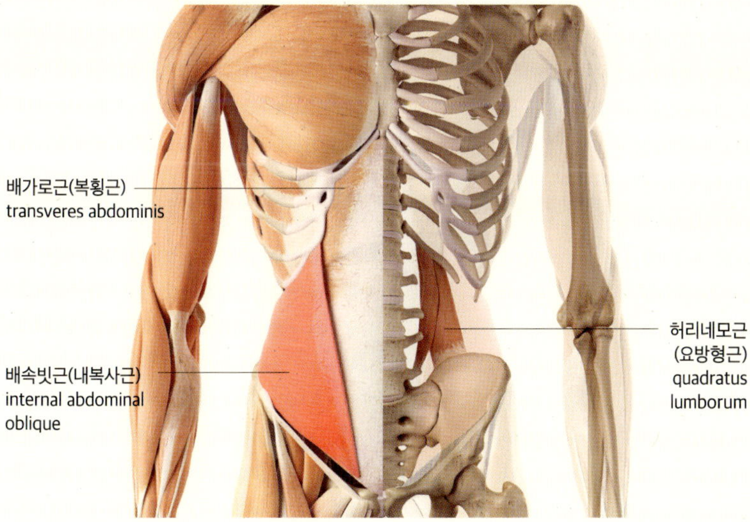
배가로근(복횡근)
transveres abdominis
배속빗근(내복사근)
internal abdominal
oblique
허리네모근
(요방형근)
quadratus
lumborum

앞면

등근육

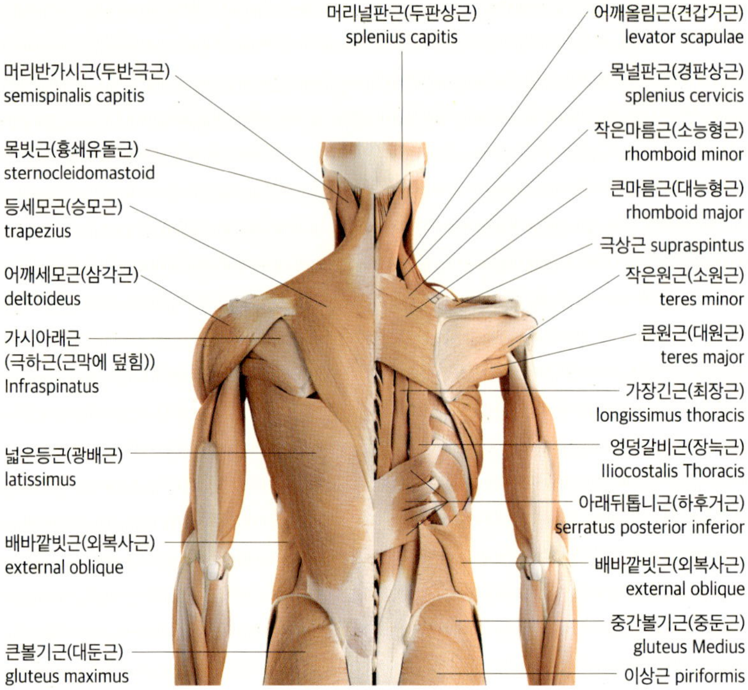
머리널판근(두판상근)
splenius capitis
어깨올림근(견갑거근)
levator scapulae
머리반가시근(두반극근)
semispinalis capitis
목널판근(경판상근)
splenius cervicis
목빗근(흉쇄유돌근)
sternocleidomastoid
작은마름근(소능형근)
rhomboid minor
등세모근(승모근)
trapezius
큰마름근(대능형근)
rhomboid major
극상근 supraspintus
어깨세모근(삼각근)
deltoideus
작은원근(소원근)
teres minor
가시아래근
(극하근(근막에 덮힘))
Infraspinatus
큰원근(대원근)
teres major
가장긴근(최장근)
longissimus thoracis
넓은등근(광배근)
latissimus
엉덩갈비근(장늑근)
Iliocostalis Thoracis
아래뒤톱니근(하후거근)
serratus posterior inferior
배바깥빗근(외복사근)
external oblique
배바깥빗근(외복사근)
external oblique
중간볼기근(중둔근)
gluteus Medius
큰볼기근(대둔근)
gluteus maximus
이상근 piriformis

표층

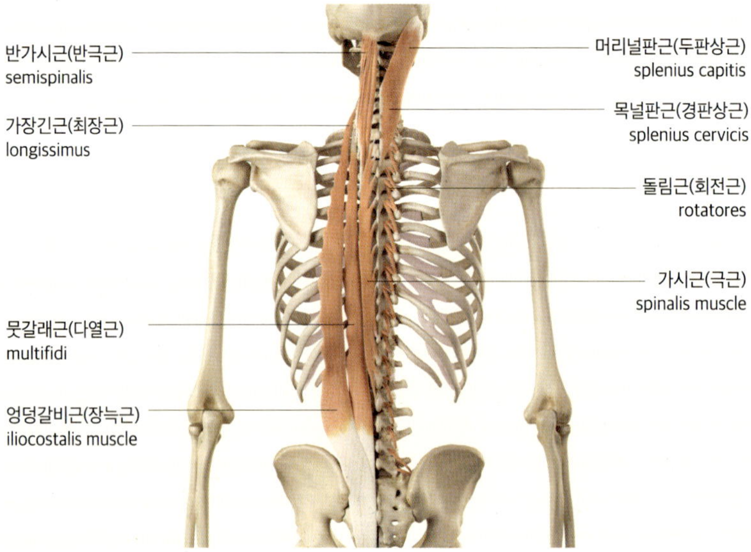
반가시근(반극근)
semispinalis
머리널판근(두판상근)
splenius capitis
가장긴근(최장근)
longissimus
목널판근(경판상근)
splenius cervicis
돌림근(회전근)
rotatores
가시근(극근)
spinalis muscle
뭇갈래근(다열근)
multifidi
엉덩갈비근(장늑근)
iliocostalis muscle

깊은층

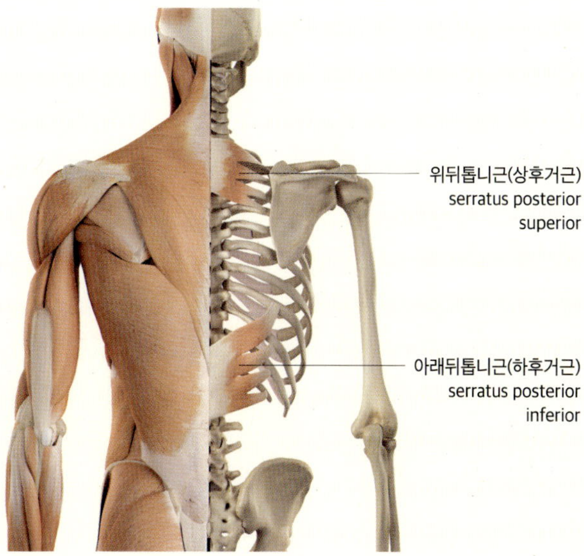
위뒤톱니근(상후거근)
serratus posterior superior
아래뒤톱니근(하후거근)
serratus posterior inferior

중간층

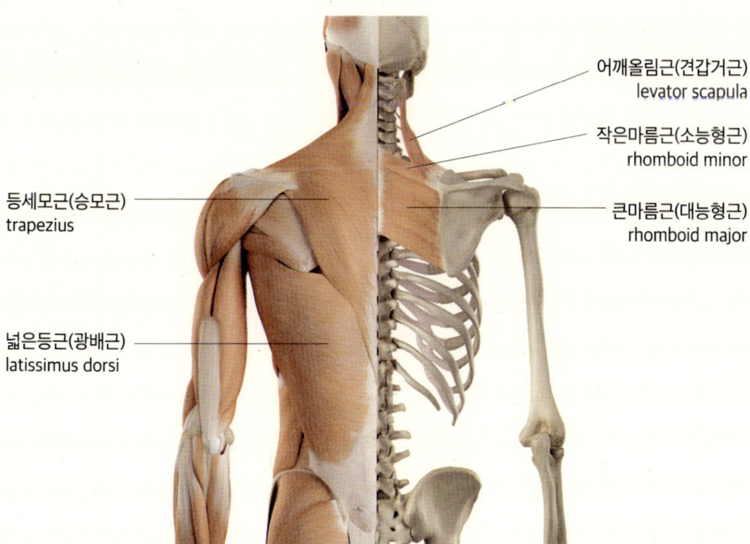
어깨올림근(견갑거근)
levator scapula
작은마름근(소능형근)
rhomboid minor
등세모근(승모근)
trapezius
큰마름근(대능형근)
rhomboid major
넓은등근(광배근)
latissimus dorsi

얕은층

팔근육

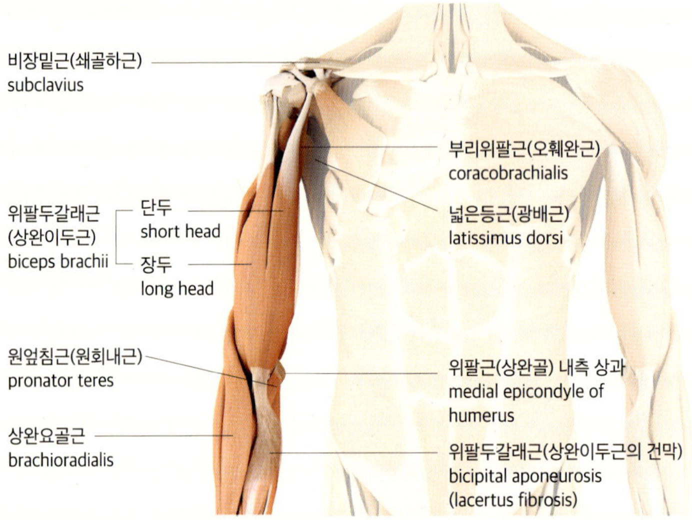

상완의 근(전면)

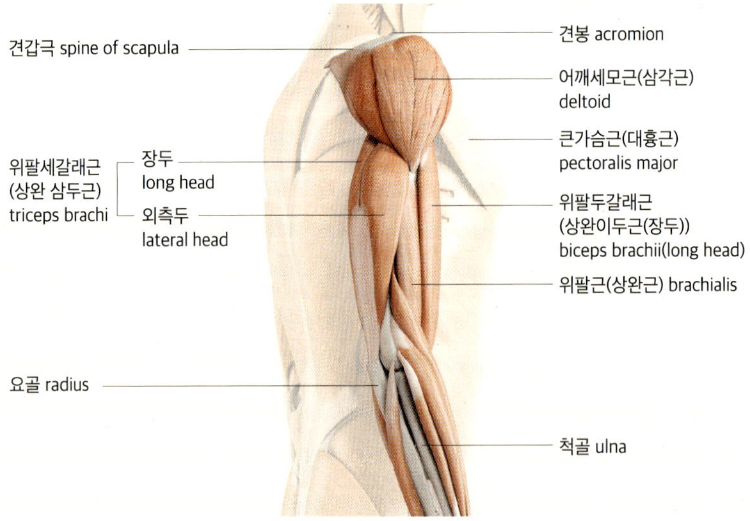

상완의 근(외측면)

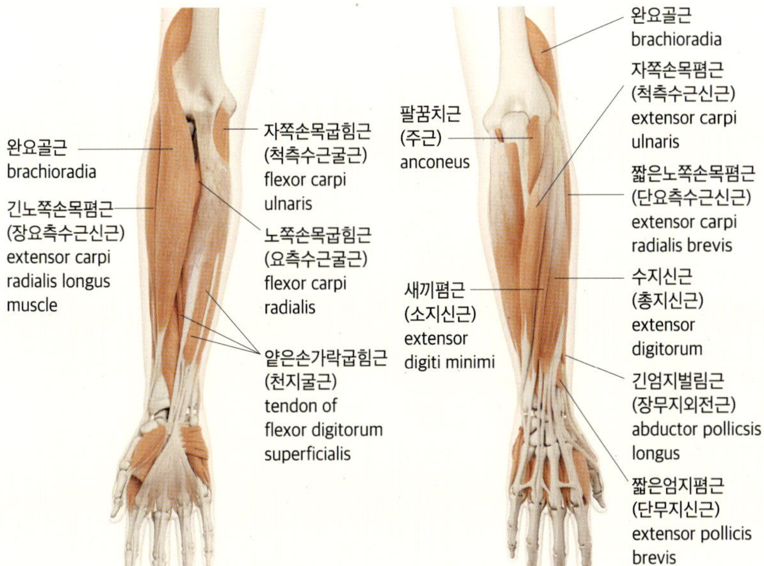
완요골근
brachioradia
긴노쪽손목폄근
(장요측수근신근)
extensor carpi
radialis longus
muscle
자쪽손목굽힘근
(척측수근굴근)
flexor carpi
ulnaris
노쪽손목굽힘근
(요측수근굴근)
flexor carpi
radialis
얕은손가락굽힘근
(천지굴근)
tendon of
flexor digitorum
superficialis
팔꿈치근
(주근)
anconeus
새끼폄근
(소지신근)
extensor
digiti minimi
완요골근
brachioradia
자쪽손목폄근
(척측수근신근)
extensor carpi
ulnaris
짧은노쪽손목폄근
(단요측수근신근)
extensor carpi
radialis brevis
수지신근
(총지신근)
extensor
digitorum
긴엄지벌림근
(장무지외전근)
abductor pollicsis
longus
짧은엄지폄근
(단무지신근)
extensor pollicis
brevis

전완의 근

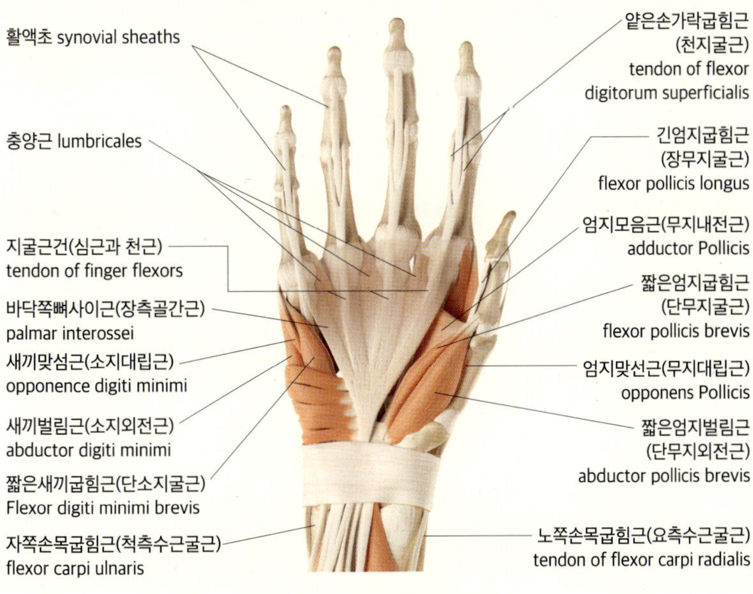
활액초 synovial sheaths
충양근 lumbricales
지굴근건(심근과 천근)
tendon of finger flexors
바닥쪽뼈사이근(장측골간근)
palmar interossei
새끼맞섬근(소지대립근)
opponence digiti minimi
새끼벌림근(소지외전근)
abductor digiti minimi
짧은새끼굽힘근(단소지굴근)
Flexor digiti minimi brevis
자쪽손목굽힘근(척측수근굴근)
flexor carpi ulnaris
얕은손가락굽힘근
(천지굴근)
tendon of flexor
digitorum superficialis
긴엄지굽힘근
(장무지굴근)
flexor pollicis longus
엄지모음근(무지내전근)
adductor Pollicis
짧은엄지굽힘근
(단무지굴근)
flexor pollicis brevis
엄지맞선근(무지대립근)
opponens Pollicis
짧은엄지벌림근
(단무지외전근)
abductor pollicis brevis
노쪽손목굽힘근(요측수근굴근)
tendon of flexor carpi radialis

손의 근

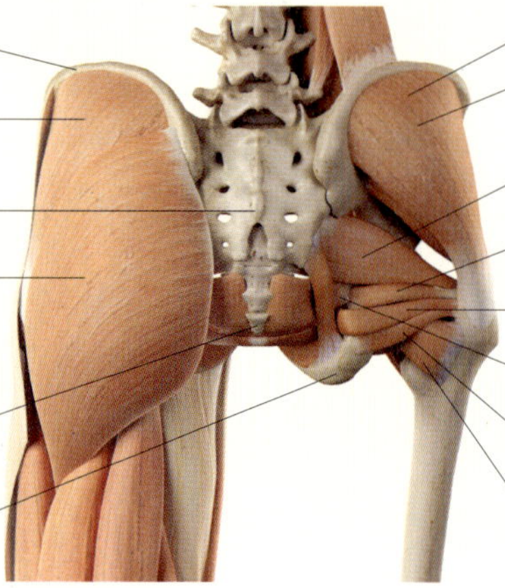
장골능
iliac crest
중간볼기근(중둔근)
gluteus medius
천골 sacrum
큰볼기근(대둔근)
gluteus maximus
미골 coccyx
좌골 결절
ischial tuberosity
장골근(엉덩근)
iliacus
작은볼기근(소둔근)
gluteus minimus
궁둥구멍근(이상근)
piriformis
위쌍둥이근(상쌍자근)
gemellus superior
아래쌍둥이근(하쌍자근)
gemellus inferior
속폐쇄근(내폐쇄근)
obturator internus
바깥폐쇄근(외폐쇄근)
obturator externus
넙다리네모근(대퇴방형근)
quadratus femoris

둔부의 근

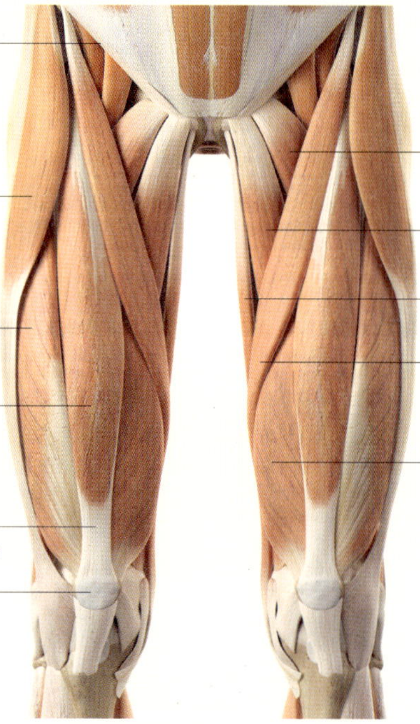
서혜인대
inguinal ligament
넙다리근막긴장근
(대퇴근막장근)
tensor fascia lata
가쪽넓은근(외측광근)
vastus lateralis
넙다리곧은근
(대퇴직근)
rectus femoris
넙다리곧은근
(대퇴직근)의 건
tendon of rectus femoris
슬개골 patella
치골근
pectineus
긴모음근(장내전근)
adductor longus
두덩정강근(박군)
gracilis
넙다리빗근
(봉공근)
sartorius
안쪽넓은근
(내측광근)
vastus medialis

대퇴의 근

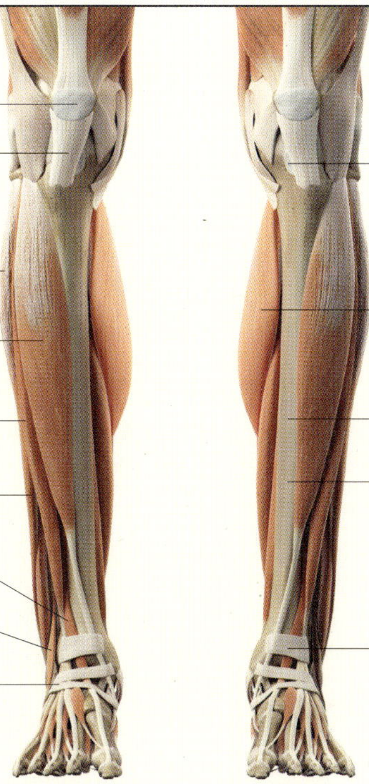
슬개골 patella
슬개 인대
patella ligament
긴종아리근(장비골근)
peroneus longus
앞정강근(전경골근)
tibialis anterior
긴발가락폄근(장지신근)
extensor digitorum longus
짧은종아리근(단비골근)
peroneus brevis
긴엄지폄근(장무지신근)
extensor hallucis longus
셋째종아리근(제3비골근)
peroneus tertius
하신근지대
inferior extensor
retinaculum
경골조면
tuberosity of tibia
비복근 내측두
medial head of
gastrocnemius
경골 tibia
가자미근 soleus
상신근 지대
superior extensor
retinaculum

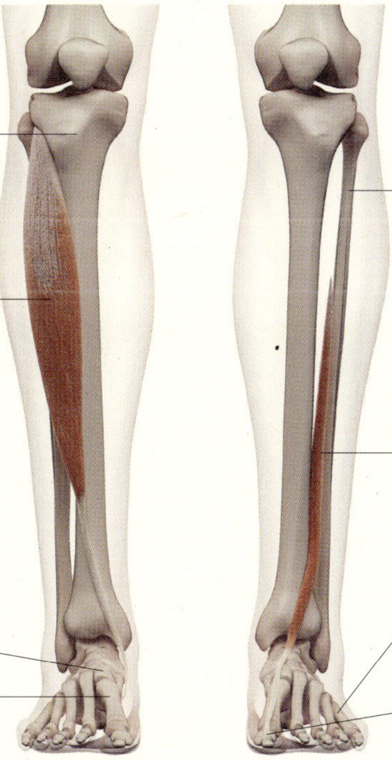
경골 tibia
앞정강근(전경골근)
tibialis anterior
내측 설상골
medial cuneiform
제1 중족골
first metatarsal bones
비골 fibula
긴엄지폄근(장무지신근)
extensor hallucis longus
제5 중족골
fifth Metatarsal bones
무지말절골
distal phalanx of hallux

하퇴의 근

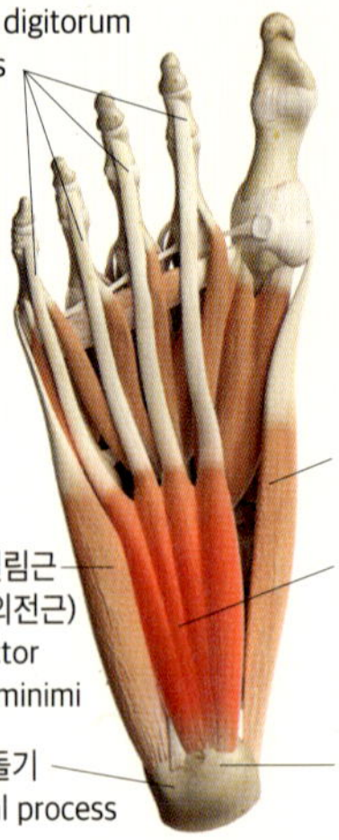

첫째층 Layer 1

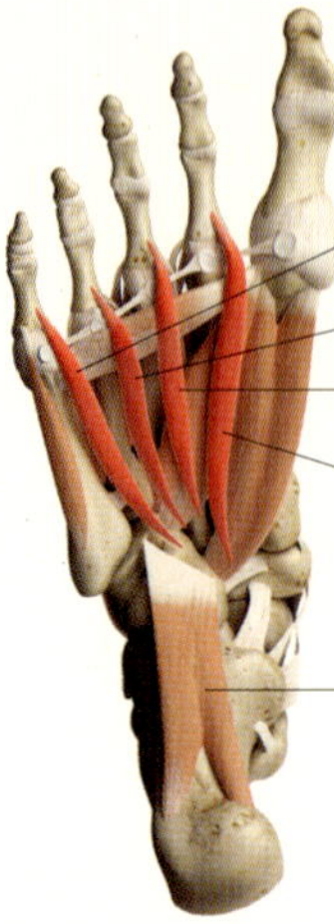

둘째층 Layer 2

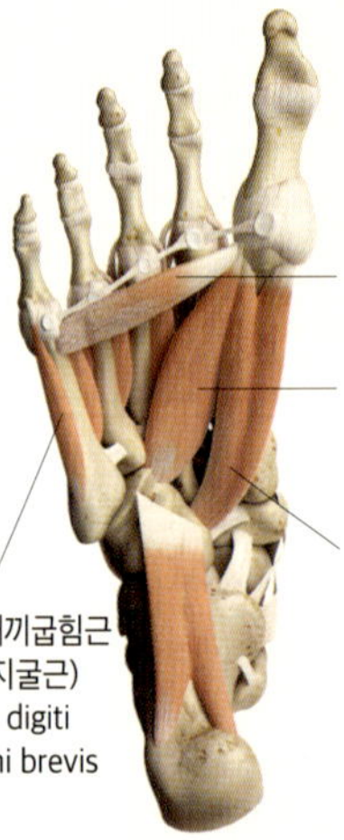

셋째층 Layer 3

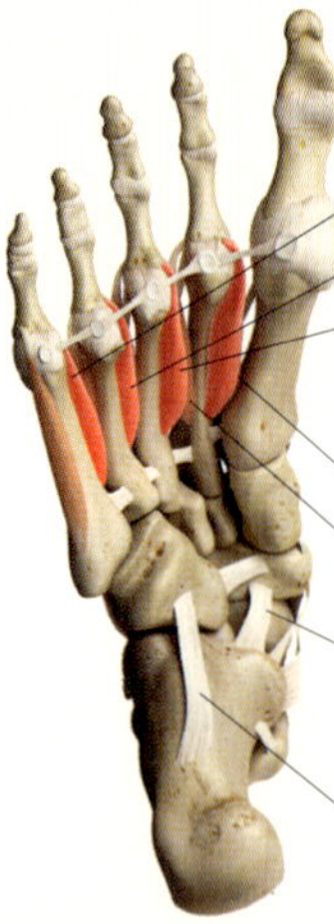

넷째층 Layer 4

발의 근

3) 외피계통

인체의 첫 번째 관문인 피부는 외피계통의 주요 부분이다. 피부는 외부의 충격으로부터 몸을 보호하며, 세균과 박테리아, 이물질로부터 방어하고 발한이나 떨림을 통해 체온을 보존한다. 또한 피부에 있는 혈관의 직경을 조절하는 역할을 한다. 외피계통은 피부, 털, 땀샘, 기름샘, 손·발톱 등으로 구성된다.

4) 신경계통

인체의 신경계는 인체의 항상성을 유지하며, 외부와 내부로부터 들어온 자극에 의해 발생하는 정보를 전달 및 처리하는 역할을 한다. 신경계통은 중추신경계(centeral nervous system)와 말초신경계(peripheral nervous system)로 구분한다. 중추신경계는 뇌와 척수(spinal cord)로 구분하고, 말초신경계는 뇌와 척수를 제외한 나머지 신경조직이 해당된다. 신경세포(뉴런, neurons)와 신경세포의 접합부를 연접(시냅스, synapse)이라 하며, 신경전달물질을 통해 신경세포 사이에 정보를 전달한다.

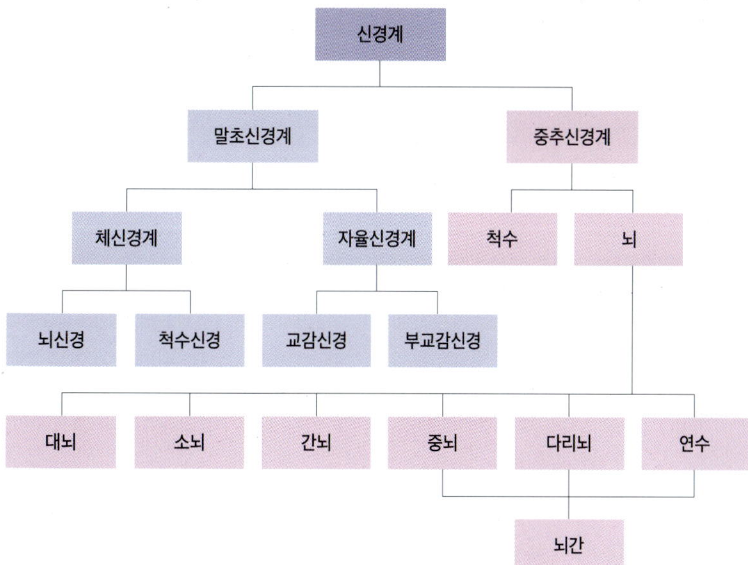

인체의 신경계

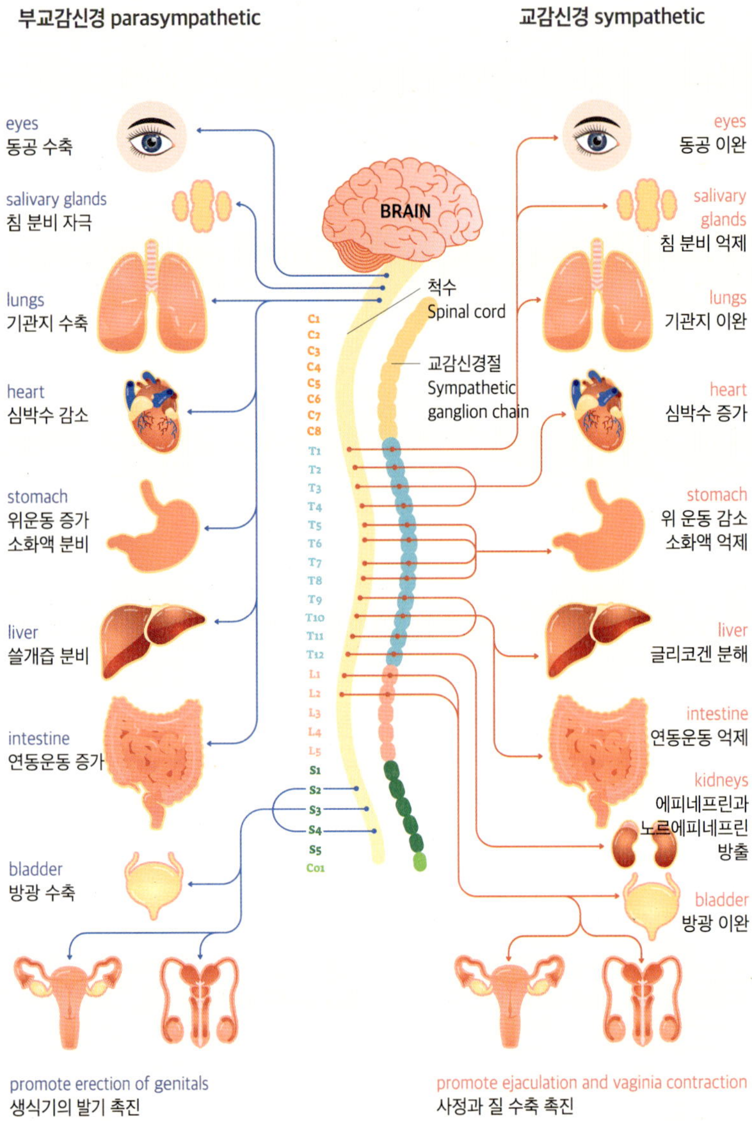
부교감신경 parasympathetic
교감신경 sympathetic
eyes
동공 수축
salivary glands
침 분비 자극
lungs
기관지 수축
heart
심박수 감소
stomach
위운동 증가
소화액 분비
liver
쓸개즙 분비
intestine
연동운동 증가
bladder
방광 수축
promote erection of genitals
생식기의 발기 촉진
BRAIN
척수
Spinal cord
교감신경절
Sympathetic
ganglion chain
C1
C2
C3
C4
C5
C6
C7
C8
T1
T2
T3
T4
T5
T6
T7
T8
T9
T10
T11
T12
L1
L2
L3
L4
L5
S1
S2
S3
S4
S5
Co1
eyes
동공 이완
salivary
glands
침 분비 억제
lungs
기관지 이완
heart
심박수 증가
stomach
위 운동 감소
소화액 억제
liver
글리코겐 분해
intestine
연동운동 억제
kidneys
에피네프린과
노르에피네프린
방출
bladder
방광 이완
promote ejaculation and vaginia contraction
사정과 질 수축 촉진

5) 내분비계통

인체의 내분비계는 도관이 없이 화학물질을 혈액 속으로 분비한다. 내분비샘에서 분비되는 화학물질을 호르몬(hormone)이라 한다. 호르몬은 혈액을 통해 신체를 순환하면서 이루어지는데 특정 호르몬에 대한 수용기가 있는 세포로 구성된 특정 표적(target)장기에만 작용한다. 호르몬 성분으로는 단백질계 호르몬과 스테로이드계 호르몬이 있으며 호르몬의 주요 조절작용을 한다. 내분비계통의 중요한 기관은 시상하부, 솔방울샘, 뇌하수체, 갑상샘, 부갑상샘, 가슴샘, 부신, 이자, 성샘(남성의 고환이나 여성의 난소), 그리고 다양한 호르몬들이다.

내분비계 endocrine system

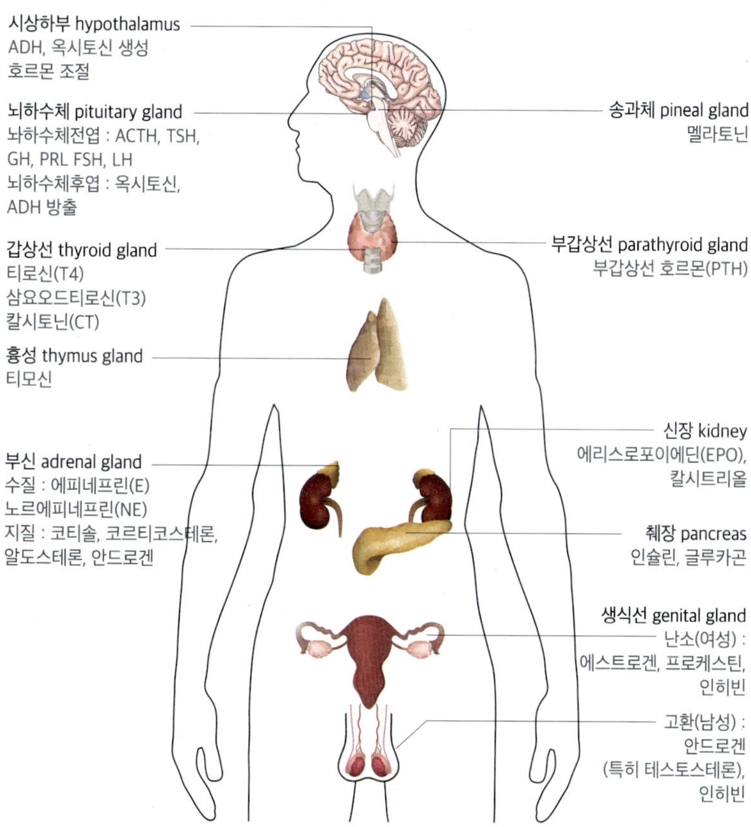

6) 감각계통

감각계통은 신경계통과 밀접하게 연결되어 있다. 외부의 반응을 감지하여 수용기를 통해 정보를 받아들이고 구심성 반응 또는 감각을 통해 뇌로 전달한다. 뇌의 정보를 분석하여 여러 상황에 대한 원심성 반응과 세포, 근육 및 편모 등으로 전달되는 반응을 만들어 낸다. 감각계통은 시각, 청각, 미각, 후각, 촉각 다섯 개의 감각을 가지며, 특수감각과 일반감각으로 구성된다.

7) 심혈관계통

순환계통이라고 하며 구성요소는 심장, 혈액, 혈관이다. 크게 체순환과 폐순환으로 나눌 수 있으며, 생명에 필요한 다양한 물질을 세포에 전달하며 세포가 생산하는 이산화탄소와 대사 노폐물을 받아들인다. 심혈관계통은 순환계(circulatory system)에서 자세히 살펴보기로 한다.

8) 호흡계통

우리 몸의 외부와 내부 사이에서 가스 교환이 일어나는 곳이다. 허파에 있는 허파꽈리 겉면에는 허파모세혈관이 거미줄처럼 얽혀 있고, 허파꽈리벽은 편평상피세포로 아주 얇은 한 겹으로 되어 있다. 공기와 혈액이 엇갈려 흐르도록 해주며, 대식세포는 허파포를 드나들면서 이물질과 박테리아의 침입을 막아준다. 호흡은 허파의 가스 교환 과정으로 대기에서 산소를 얻고 체내에서 생성된 이산화탄소를 제거하는 것이다. 호흡기계통은 인두, 후두, 기관, 기관지, 허파 등이다.

9) 소화기계통

소화기계통은 음식물을 섭취하여 기계적인 방법과 화학적인 방법을 이용하여 더 잘게 분해되도록 하는 역할을 한다. 구강은 점막구조이며, 식도는 목구멍과 위를 연결하고, 위는 식도에 연속되어 상복부를 차지하는 J자 모양의 기관이다. 작은창자는 복강 아래의 가운데 위치하며 큰창자는 소화관의 끝부분으로 1.5cm의 굵은 관을 형성하고 있다. 소화기계통은 입, 인두, 식도, 위, 장, 부속기관, 항문 등이다.

10) 비뇨기계통

비뇨기계통은 오줌을 생성하고 배설에 관여하는 기관이다. 노폐물을 배설하여 혈액을 정화하고, 체내 환경의 항상성을 유지한다. 신장은 혈액을 거르고 분비된 전해질 및 체내의 과도한 수분을 조절하고 배설물을 제거한다. 또한 조혈인자(erythropoietin)를 분비하여 적혈구 조절 역할을 한다. 구조적, 기능적 단위는 네프론이라 한다. 네프론은 신장소체와 세뇨관으로 구분한다. 비뇨기계통의 중요한 부분은 콩팥, 요관, 방광, 요도이다.

11) 생식기계통

생식기계통은 자기와 같은 유전자를 가진 새로운 자손을 만든다. 간단히 말해서 유성생식을 통한 시스템이 없다면, 우리는 존재할 수가 없다. 생식기계통은 생식비뇨기(genitourinary) 혹은 GU계통이라 하며, 1차 생식기와 2차 생식기로 나뉜다. 여성의 생식기계통은 난소, 나팔관, 자궁 및 질이며, 남성의 생식기계통은 고환, 부고환, 정관, 전립샘 및 음경 등이다.

chapter
03

순환계(circulatory system)

이 장은 순환계의 기능을 알고 뱀부(대나무)테라피의 실전 사용이 인체에 미치는 영향을 이해하고 설명할 수 있다.

인체의 순환계는 혈액순환과 림프순환으로 분류된다. 생명에 필요한 산소와 영양물질을 세포에 수송하고, 세포가 생산하는 이산화탄소와 대사 노폐물을 받아들여 몸 밖으로 내보낸다. 림프순환은 조직에서 생성된 노폐물을 제거하고, 체액의 균형 유지를 돕는 역할을 한다.

순환계(circulatory system)

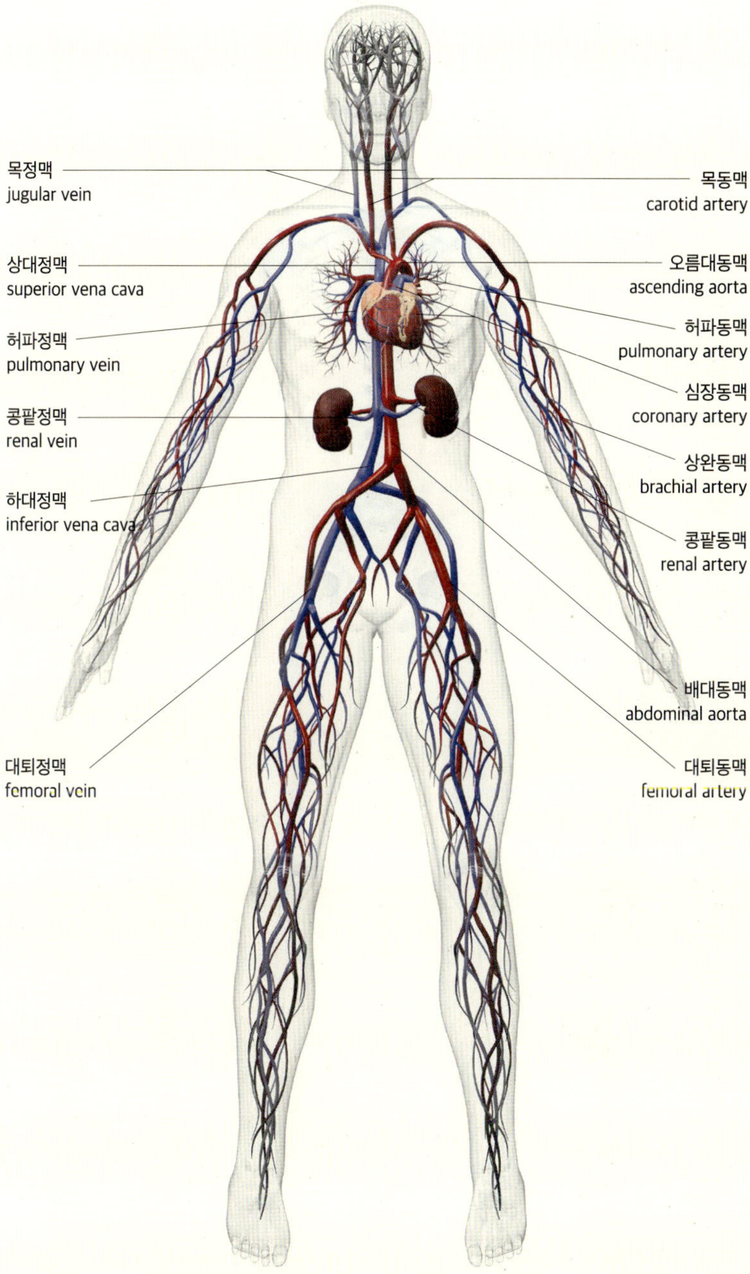

1. 혈액순환계

혈액순환은 혈액이 이동하는 원동력을 제공하고 혈액이 지나는 통로인 혈관으로 온몸을 순환하여 필요한 영양물질을 전달한다. 혈액순환의 구성은 심장, 혈액, 혈관이다.

심장의 구조와 혈액순환

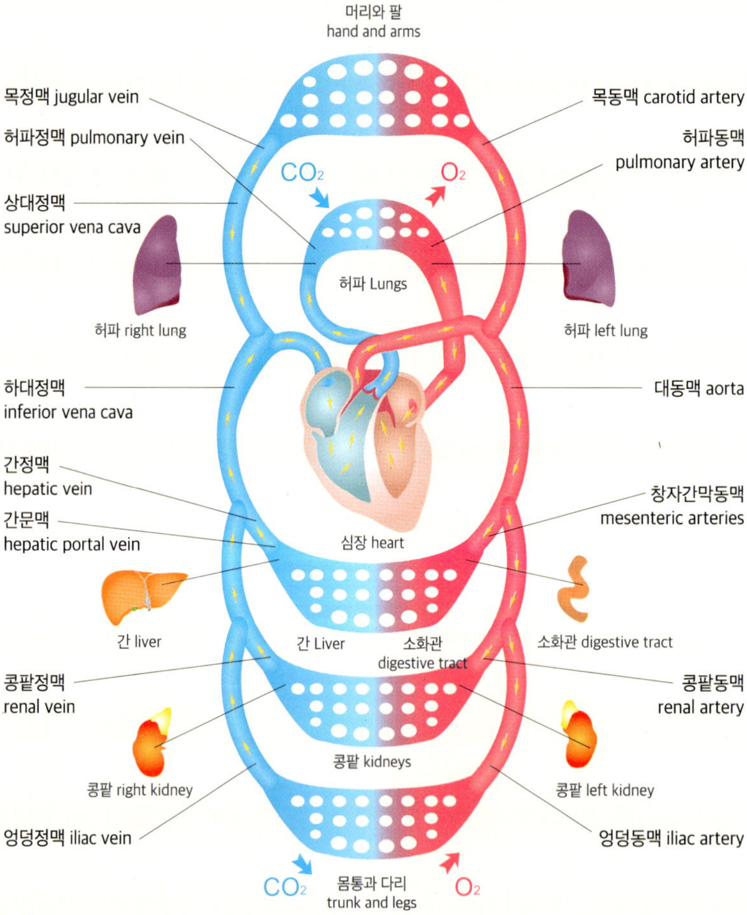

1) 심장

심장은 2심방 2심실로 되어 있고 속이 빈 근육성 기관으로 심장을 싸고 있는 혈관은 관상혈관이라 하며 동맥은 관상동맥, 정맥은 관상정맥이라 한다. 세포 호흡에 필요한 물질대사를 위해 산소와 영양분을 말단조직세포까지 운반 · 공급한다. 심장은 스스로 박동하는 성질이 있어 주기적으로 흥분을 일으켜 수축과 이완을 반복한다. 따라서 심장박동의 세기와 속도는 자율신경계에 의해 조절된다.

2) 혈액

혈액은 산소, 영양분, 지방세포, 호르몬 등을 각 세포에 운반하고 대사활동에 의해 형성된 노폐물과 이산화탄소를 제거하기 위해 신장과 허파 등으로 운반한다. 또한 수분, 체온, 체액의 균형 조절 및 보호작용을 한다. 1일 4~6L 정도가 신체를 순환하며, 혈액의 무게는 전체 몸무게의 7~9%에 해당한다. 혈액은 혈구(45%)와 혈장(55%)으로 구성되며 혈장 성분 중 응고 성분을 제외한 나머지 액체 성분을 혈청(serum)이라고 한다.

❶ 체순환(대순환)

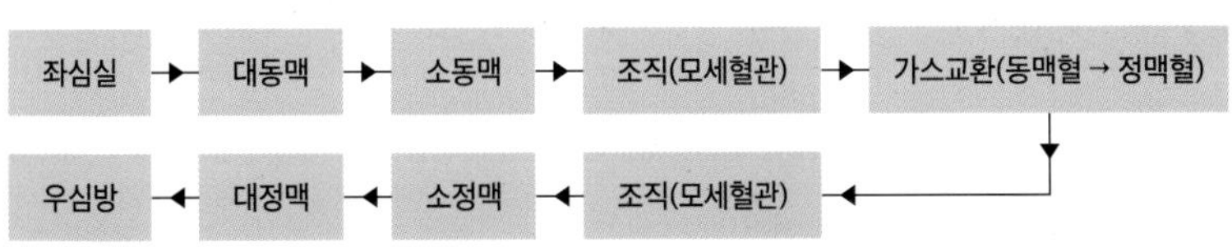

❷ 폐순환(소순환)

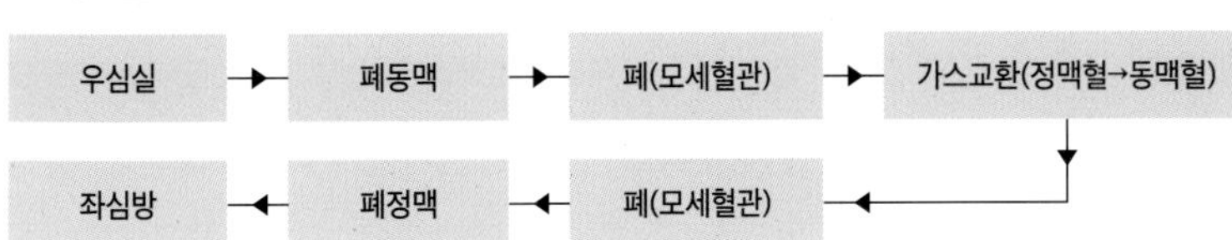

심장 · 혈액량 · 혈관과 혈압의 수축력의 관계

혈압	높을 때	낮을 때
심장의 수축력	강해진다.	약해진다.
혈액량	많아진다.	적어진다.
혈관의 지름	작아진다.	커진다.

3) 혈관

혈관은 심장에서 혈액을 운반하는 관으로 동맥, 정맥, 모세혈관으로 구분된다. 동맥과 정맥은 혈관벽이 섬유성결합조직(tunica adventita)으로 3층 구조로 되어 있으며, 모세혈관은 내피세포와 기저막으로 되어 있다. 혈관 주변에 세포의 에너지 요구가 높을 때 전모세혈관 괄약근(precapillary sphincter)이 개방되어 혈액을 모세혈관으로 유입시켜 세포에 에너지를 공급한다.

참고

관상동맥과 뇌동맥의 특징

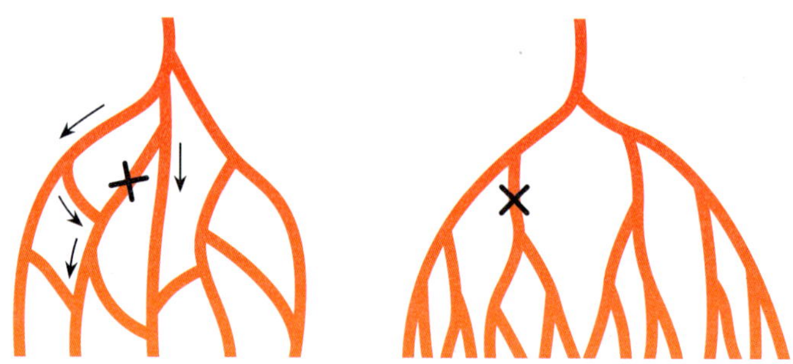

심장과 뇌의 동맥에는 우회로가 없다.

2. 림프순환계

일반적으로 동맥·정맥계를 각각 제1순환계, 제2순환계라 하며 림프계를 제3순환계라고 한다. 림프순환은 조직 사이에서 시작하며 모세림프관을 통해 이동하는 림프액은 림프절에서 감염물질을 잡아 두고 필터 역할을 한 후 정맥으로 유입된다. 림프순환은 림프절, 림프액, 림프관으로 구성되어 있다.

림프계

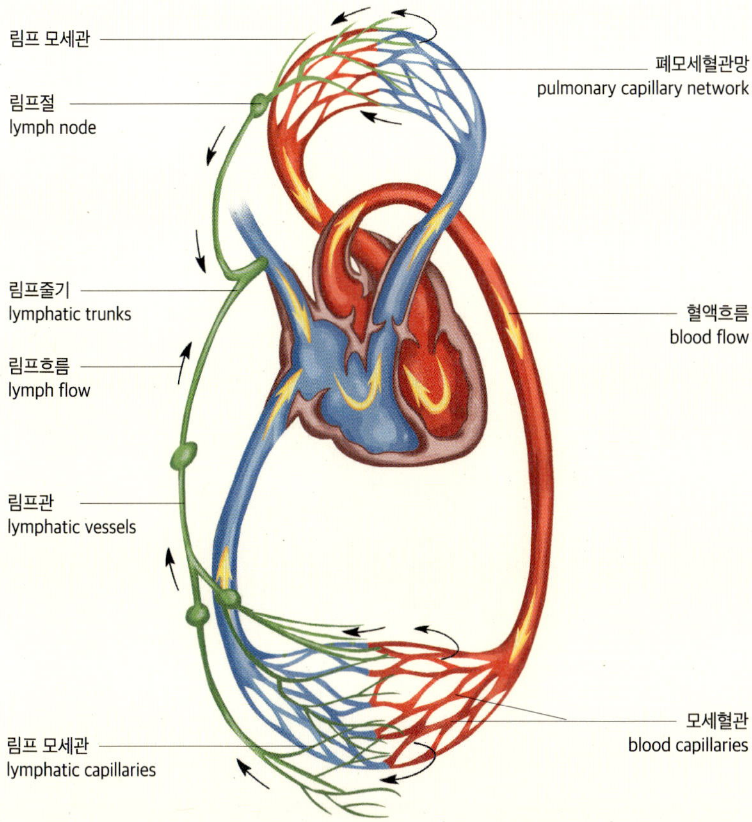

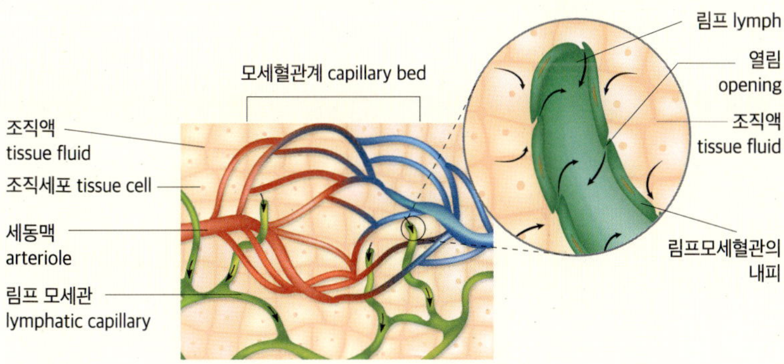

모세혈관에서 심장까지 림프 이동

모세관 → 세포간액 → 림프모세관 → 전 수집기 → 집합관 → 림프절 → 림프관 → 림프줄기 → 린프더트 → 신장

1) 림프절

신체 내에는 500~1500개의 림프절이 존재하고 쌀알 크기 내지 콩알 크기 정도이며, 개수는 사람마다 차이가 있다. 림프절은 겨드랑이, 턱 아래, 귀 뒤, 목, 샅고랑(사타구니) 등에 있으며 신체 내의 장기 주변에도 모여 있다. 림프구가 림프절의 바깥층인 겉질에 집단적으로 매몰되어 이물질을 처리하며, 항원을 제거한다. 또한 림프구를 생성하고 림프액을 농축시킬 수 있다.

림프계의 구성

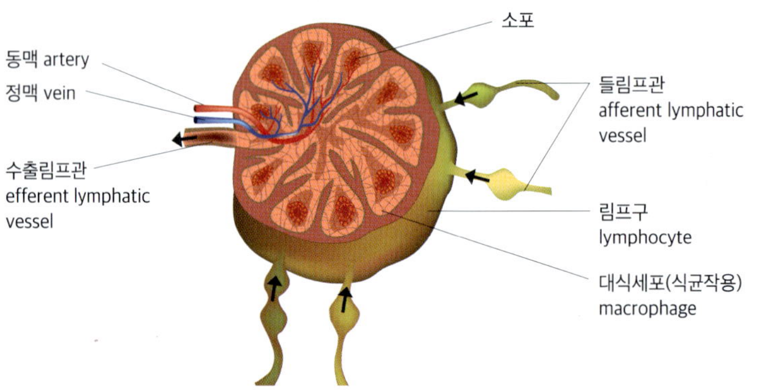

림프절의 구조

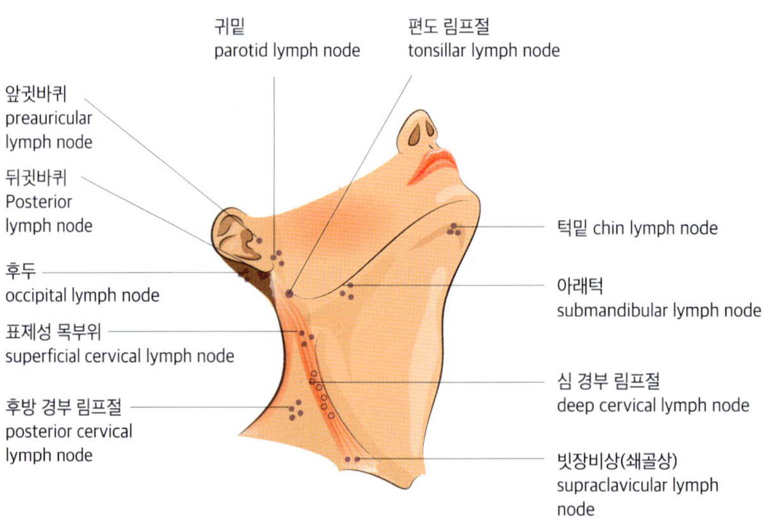

각 림프절의 위치

2) 림프액

동맥압에 의해서 모세혈관벽을 뚫고 조직 사이로 나온 성분 중에서 모세림프관을 통해 유입되는 액체를 림프액이라고 한다. 림프액은 24시간 동안 약 1~3L 정도 만들어진다. 투명하고 시럽처럼 걸쭉하며 소장에서 지방을 흡수하기 때문에 혈장과 비슷한 우윳빛을 띤다. 림프액은 림프계를 순환하다가 정맥으로 이어져 혈관에 섞이게 되는데 림프액의 주요 성분은 혈장 단백질, 수분, 세포, 사이토카인, 히스타민, 죽은 세포들, 호르몬 등이 있다.

림프관, 종단면(lymphatic vessel, longitudinal section)

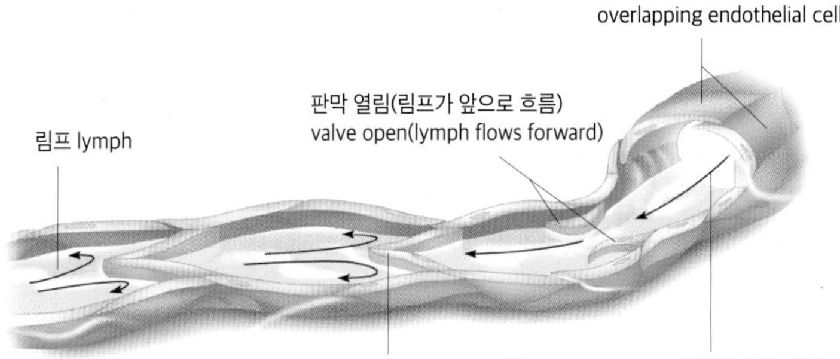

림프의 기능

림프는 림프구와 림프장으로 구성된다.

- 림프구는 병원균 파괴, 항체(antibody) 형성 등 면역에 관여한다.
- 림프장은 지용성 물질을 운반하여 항상성 유지를 한다.
- 림프장 내 단백질과 조직액을 유지 · 보존하는 기능을 한다.
- 면역반응을 담당하여 인체를 보호하는 역할을 한다.

---

3) 림프관

신체의 말단에서 시작하여 중심으로 연결되는 관이다. 림프관을 따라 림프액이 모세림프관 → 전수집림프관 → 수집림프관 → 림프절 → 림프본관 순서로 이동하여 정맥으로 유입된다. 한편 림프관에서 심장으로 유입되는 림프의 흐름이 느리거나 차단되면 림프액이 머물게 되어 부종이 되는데 이를 림프부종이라고 한다.

림프절로 흡수되는 림프 흐름

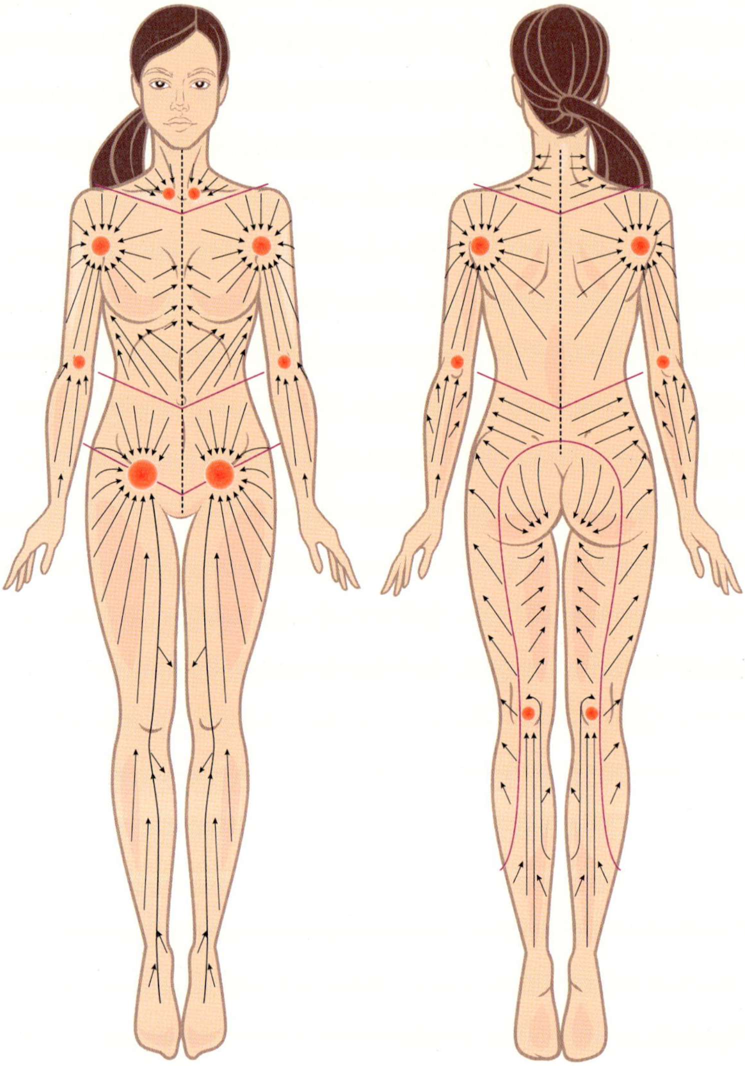

유미조(cisterna chyli)

소장(small intestine)에 분포하는 림프본관을 유미관이라 하고 지방을 흡수하여 유백색을 띠며 흉관으로 유입되는 시작점을 유미조라고 말한다.

4) 림프액의 흐름에 영향을 주는 인자

림프액의 흐름은 골격근의 움직임과 신장의 수용기, 자율신경계로 인한 수축, 장의 연동, 호흡, 림프드레나지 등에 의해 이동과 움직임이 촉진된다.

❶ 골격근의 움직임

피부와 근육을 싸고 있는 근막 사이에 대부분 존재하는 림프액은 림프관 주변의 근육이 수축함으로 인해 림프액이 짜 올려지면서, 림판지온(기능적 수축단위)의 운동성이 더욱 증가된다.

❷ 신장의 수용기

신장의 수용기 자극을 통해 척수신경의 반사(reflex pathways)로 림판지온(기능적 수축단위)의 운동성이 증가된다.

❸ 자율신경계에 의한 수축

자율신경에 의해 지배를 받는 혈액과 마찬가지로 림판지온(기능적 수축단위)의 운동성이 증가된다.

❹ 장의 운동

장의 연동운동으로 복강 내의 림프관이 자극받고 림프액의 이동을 촉진한다.

❺ 호흡

복식호흡을 통해 림프기관을 자극해 주면 흉강 내 압력이 변화되면서 유미조를 비롯한 림프관과 장기 주변의 림프절, 하부에서 올라오는 중심부에 위치한 흉관이 자극을 받게 된다. 이로 인해 심장 쪽으로 올라갈 수 있는 힘이 다시 한 번 만들어진다.

❻ 림프드레나지(lymphdrainage)

부드럽고 가벼운 마사지는 피부를 신장(stretching)시켜 림프관에 있는 앵커링 필라멘트(Anchoring filaments)를 당겨주고 림프 시스템으로 흡수되도록 도와준다. 또한 피부를 가볍게 자극하면 림판지온(기능적 수축단위)의 운동성이 더욱 활발히 수축하며, 피부를 신장시키는 부드럽고 가벼운 마사지는 림프관의 평활근을 자극하여 전기적 · 기계적인 반응을 일으켜 림프관의 활동성을 증가시킨다.

뱀부(대나무)테라피

Part 01 뱀부(대나무)테라피의 기본 이론

Part 02 뱀부(대나무)테라피 실습하기

Part 03 뱀부(대나무)테라피 테크닉 적용하기

Part 01

밤부(대나무)테라피의 기본 이론

chapter
01

뱀부(대나무)의 이해

뱀부(대나무)테라피를 실전 적용하기 위해서는 뱀부(대나무)를 이해하는 것이 매우 중요하다. 이 장에서는 뱀부(대나무)에 대한 기본적인 내용과 활용에 대해 알아본다.

1. 뱀부(대나무)란?

대나무류는 지구상에 1,000여 종이 분포하고 있다. 뱀부(대나무)는 연평균 기온이 10°C 이상이고, 최저기온이 -10°C 이하로 내려가지 않으며, 연 강수량이 1,000mm 이상인 곳에서 잘 자란다. 또한 대나무는 토심이 60cm 이상, 배수가 잘 되며 바람이 적게 부는 곳에서 잘 자란다. 뱀부(대나무)는 5월 중순에서 6월 중순에 죽순을 내, 죽순 껍질을 보면 흑갈색 반점이 있다. 줄기의 높이는 대략 20m이며 외떡잎식물로 비대생장을 하지 않고 나이테가 없다. 잎은 녹색에서 황록색으로 변하며 가지는 2~3개씩, 잎은 3~7개씩 달리는데 바소꼴(lanceolate)로 끝이 뾰족한 모양이다. 길이는 10~20cm, 너비는 12~20cm이다. 꽃은 6~7월에 핀다.

뱀부(대나무)는 뿌리에서부터 잎까지 약용으로서 활용도가 높으며 예부터 우리나라에서는 '사기를 물리치는 기능이 있다' 하여 신체의 탁기를 물리치는데 사용하였다. 신농본초경(神農本草經)에는 댓잎은 맛이 쓰고 성질이 차서 해소와 상기, 종양, 해열, 상충에 효과가 있다고 기록되어 있으며, 허준의 동의보감에는 죽력이 뇌졸중과 심신 안정에 탁월한 효능이 있다고 기록되어 있다. 또한 대나무는 친환경 소재로도 이용된다.

2. 뱀부(대나무)의 성질

대나무는 행운의 식물로 알려져 있으며, 동양에서 대나무는 강인한 성격, 탄력성, 유연성, 정직함, 풍요로움, 젊음, 번영과 평화와 단순미를 상징한다.
대나무는 예전부터 대나무를 풀로 보느냐, 나무로 보느냐에 대한 논쟁이 많았다. 나무의 줄기가 해마다 자라는 것에 비하여 대나무는 해마다 굵어지거나 높이가 높아지지 않으니 대나무를 나무라고 부르기에는 부족하다는 것이다. 또한 풀은 그해에 자란 줄기나 잎이 해가 바뀌면서 죽고 그 이듬해에 새로 나는 것에 비하여 대나무는 몇 년이 지나도 줄기나 잎이 죽지 않으니 풀이라고 부르기에도 적합하지 않다는 것이다. 우리나라에서는 대라고 하면 갈대의 대, 수숫대의 대처럼 속이 비고 호리호리한 풀 줄기를 의미하기도 하지만, 대(代)를 그냥 대(代)라고 하지 않고 나무와 합하여 대나무라고 부른다. 이는 대나무를 갈대와 같은 풀의 의미도 있으면서 나무의 의미도 동시에 있는 식물로 본 것이다. 뱀부(대나무)는 견고하고 매끄러운 성질을 가지고 있고, 잔디처럼 C형 탄소동화작용을 하는 식물로 외떡잎식물 중 벼과(gramineae)에 속하는 목본식물이며 한국, 일본, 중국 등 동남아시아에 주로 분포한다. 한반도의 대나무 분포는 전남 57%, 경남 30%로 전체 대나무의 80~90%를 차지하고 있다.

대나무의 종류는 15속에 19종이 분포되어 있고, 솜대 (phyllotachys nigra var. henonis), 왕대(참죽, phyllostachys bambusoides), 포대죽, 오죽, 반죽, 섬대, 해장죽(신우대), 맹종죽(죽순대), 조릿대(sasa borealis makino), 갓대, 이대, 산죽 등 12종의 대표적인 품종이 있으며, 우리나라에는 대략 70여 종이 자생하고 있는 것으로 알려져 있다.

대나무는 세상에서 가장 빠르게 자라는 식물 중의 하나로 하루에 120㎝까지 자라는 대나무 품종도 있다. 대나무는 품종에 따라 대나무 대의 마디 사이가 비워져 있거나 채워져 있는 것, 풀처럼 바르게 자라거나, 휘어져 불규칙하게 또는 사람의 허벅지 두께 만큼 두껍거나 연필처럼 가늘게 자라기도 한다.

대나무에는 아미노산과 지방산 그리고 무기성분이 다량 함유되어 있어 중풍, 심장질환, 파상풍, 발한, 해열, 이뇨, 혈당 등에 효과가 있는 것으로 잘 알려져 있다. 또한 대나무는 공기 정화 식물로 이산화탄소 제거 능력이 소나무보다 3~4배 뛰어나고, 음이온을 발생시켜 활성산소 중화, 혈액 흐름 개선, 면역력증가에 효과가 있으며 바이오플라보노이드 성분은 산화 방지제 및 소염제 성분을 가지고 있다.

우리나라의 대표적인 뱀부(대나무) 종류

구분	특징	
왕대 (苦竹, 眞竹 phyllostachys bambusoides sieb. et zucc.)	• 죽피는 흑갈색 반점이 있다. • 줄기에 털이 없다. • 탄력성이 좋아 죽세공뿐만 아니라 용도가 다양하다. • 줄기의 간초는 암갈색 반점이 있고 평활하며 털이 없다.	
솜대 (淡竹, 粉竹 phyllotachys nigra var. henonis stapf ex. rendle)	• 죽피는 황색으로 반점이 없다. • 털이 없으며 번식력이 강하여 추위에 잘 견딘다. • 줄기의 마디 사이가 왕대에 비하여 짧고, 두께도 얇다.	
맹종죽 (죽순대, phyllotachys pubescens (mazel) ohwi)	• 죽순의 껍질은 흑갈색이며 흑색 반점이 있다. • 죽간의 마디는 한 개로 죽간에 거친 털이 있다.	
구갑죽 (phyllotachys heterocycla (carr.) mitford)	• 맹종죽의 변종이며 줄기의 기부에 마디가 비스듬히 서로 붙어 있다. • 마디는 거북이 등가죽처럼 생겼다.	
포대죽 (phyllotachys auera carr. ex A. et C. riviere)	• 마디는 2개로 줄기의 기부에 마디가 짧거나 마디부가 경사져 있다. • 마디 사이가 팽창하여 자루의 튀어나온 부분과 유사하다.	
조릿대 (山竹, 笠竹 sasa borealis (hack.) makino)	• 포(苞)는 2~3년간 줄기를 싸고 있다. • 잎은 긴 수원상 피침형으로 끝은 뾰족하거나 길고 잔 거치가 있다.	
제주조릿대 (耽羅笹 sasa quelpaertensis nakai)	• 줄기에 털이 없다. • 마디 주위가 연한 자주색이다.	

<참조> 산림조합중앙회

구분	특징
섬조릿대 (sasa kurilensis (rup.) makino et shibata)	• 줄기와 포(苞)에 털이 없다. • 초포(苞)는 녹색이었다가 회백색이 된다. 
이대 (箭竹 pseudosasa japonica (sieb. et zucc.) makino)	• 줄기의 높이는 5m, 직경은 5mm이다. • 중간 윗부분에서 5~6개의 가지가 나온다. • 초포(苞)는 녹색에서 황록색이 된다. • 두께는 아랫부분과 윗부분이 거의 일정하다. • 중간 윗부분에서 5~6개의 가지가 나오며 털이 없다. 
신이대 (sasa coreana nakai)	• 줄기의 높이는 30~80cm, 직경은 3mm이며 어린 것은 역모(逆毛)가 있다 • 초포(苞)는 밑에 털이 있고, 위에는 털이 없다. 
갓대 (sasa chiisanensis (nakai) T. lee)	• 줄기는 높이가 1~3m로서 처음에 털이 있다가 없어진다. • 중간 윗부분이 2~3회 갈라진다. • 마디 사이의 윗부분은 조모(粗毛)와 흰 가루가 덮인다. 
섬대 (sasa gracilis (nakai) T. lee)	• 줄기의 높이는 60cm 이하이며, 직경은 대략 1~3mm 가량이다. • 줄기는 자줏빛이 돌며 흰 가루가 덮여 있다 사라진다. 
해장죽 (arundinaria simonii A. et C. riviere)	• 줄기의 높이는 6~7m이며, 지하부의 지름은 대략 2~3cm이고 마디는 약간 길다. • 마디는 30~35개 정도이며 마디와 마디 사이는 대략 2~3cm로 마디가 길다. 

3. 뱀부(대나무)의 특성

일반적인 나무들은 모두 세포벽이 목질화하여 딱딱하며 섬유질인 리그닌(lignin)이 주성분으로 이루어져 있다. 그러나 대나무는 리그닌과 실리카(Silica)로 이루어져 있다. 따라서 대나무는 일반적인 나무보다 약 10배 정도 많은 섬유질과 대나무의 외피를 덮고 있는 실리카(silica) 성분으로 인해 탄력이 있고 가벼우면서 유연하게 휘어지고 또한 단단하며 곧게 자라는 특성이 있다. 대나무 외피의 실리카는 수정 결정과 유사한 크리스탈 매트릭스를 만들어 압력에 의해서 활성화되는 피에조전기(piezoelectricity)를 발생시켜 근막에 작용하고, 열을 가했을 때는 초전기(pyroelectricity)를 발생시켜 뼈와 힘줄에 작용하게 한다.

1) 피에조전기(piezoelectricity) 효과

특정한 물질의 결정체가 압력을 받으면 전기를 발생시키는 현상을 압전기라 하고, 이때 발생하는 정전기를 '피에조전기' 라고 한다. 압전기를 발생하는 결정체로 수정, 로셀염, 티탄산염 등 많은 종류가 있다.

우리 몸에는 파시니소체(압점)와 마이스너소체(촉점, 압점)라는 촉각수용체가 있어 파시니소체와 마이스너소체에 강도를 다양한 방법으로 주었을 때 물리적인 힘이 화학적인 힘으로 변형되어 압전기를 발생시킨다. 전기와 열에너지가 조직 깊숙이 침투하여 혈액순환을 도와 노폐물을 배출하고 영양물질이나 산소의 공급으로 신진대사가 촉진되며 손상된 조직을 회복시키는데 도움을 준다. 또한 림프순환이 촉진되고 정맥으로 배설하지 못한 노폐물의 배설을 돕고, 내분비 기능이 정상화 됨에 따라 신체의 자연면역력이 증가한다.

2) 초전기(pyroelectricity) 효과

뱀부(대나무)와 피부와의 마찰로 발생한 따뜻한 열은 초전기를 발생시킨다. 초전기가 활성화되면 굳어진 근육이 이완되고 근육의 경직과 위축을 해소하고 강화하는 효과를 준다. 신경, 내장 등의 반사기전에 의하여 간접적인 자극을 가하여 내장의 기능을 강화시키는 효과와 온열효과 및 긴장된 근육의 이완 효과 등이 발생한다. 또한 초전기의 작용은 뼈와 건(腱, tendon)에도 나타난다.

3) 음이온 효과

독일의 의학자 에르테게 박사는 인간이 호흡하는 공기에 함유된 음이온 농도에 따라 평균수명에 차이가 있다고 하였으며 독일의 레날트 박사는 음이온이 많은 곳에 수목이 싱싱하게 자란다고 하였다. 음이온은 공기 중의 비타민이라 불리며 여러 가지 질병을 예방하고 인체의 건강에 중요한 요소이다. 뱀부(대나무)는 피를 맑게 하고 피로회복, 세포토닌을 증가시킨다. 또한 식욕 증진의 효과가 있으며 세포의 신진대사를 왕성하게 하고 활력을 증진시키며 혈액을 정화시켜 피를 맑게 하고 자율신경을 안정시켜 피로회복 등에 도움을 준다. 그 외에도 컴퓨터 작업으로 인한 스트레스를 경감시켜 주고 타액 내 면역글로불린A(immuneglobulin A, lgA)가 증가하여 수면의 질이 개선된다. 인체의 면역학적 체계와 내분비적, 신경학적으로 포괄적인 영향을 미치고 있다.

4) 사운드 효과

소리(sound)라는 단어는 영어로 풀어 쓰면 'audio', 'acoustic' 그리고 'sound'로 쓸 수 있다. 'sound'라는 단어는 '소리'라는 뜻 외에 '건강한'이라는 의미를 지니고 있다. 소리 파동은 약 25mm 길이와 부드러운 S자 모양을 한 외이를 거쳐 고막을 지나 내이에 이르러 난원창의 진동이 와우각(cochlea) 내의 림프액을 진동시켜 기적막 상층부의 감각모를 자극한 후 대뇌에 전달된다.

청각뿐만 아니라 소리는 피부 내의 파시니소체, 마이스너소체를 통하여 피부로도 듣는다. 특히 인체는 70% 이상이 물로 구성되어 있기에 피부 내로의 소리 전달 능력이 공기에서보다도 5배나 능률적이다.

뱀부(대나무)테라피의 두드림의 일괄적인 리듬과 뱀부(대나무)와 피부마찰의 사운드 효과는 운율적인 리듬으로 생명의 박동을 반영하고 조화된 지속적인 리듬으로 인체의 밸런스를 회복시킨다. 또한 소리와 파동에너지를 인체에 전달하여 감성적인 부분에 영향을 주고 스트레스 호르몬의 감소, 엔돌핀 분비에 의한 통증 완화, 근육의 경직과 이완으로 에너지를 활성화시키고 피부 스트레스를 완화시켜 주어 혈액의 흐름을 원활하게 한다.

감각점의 분포

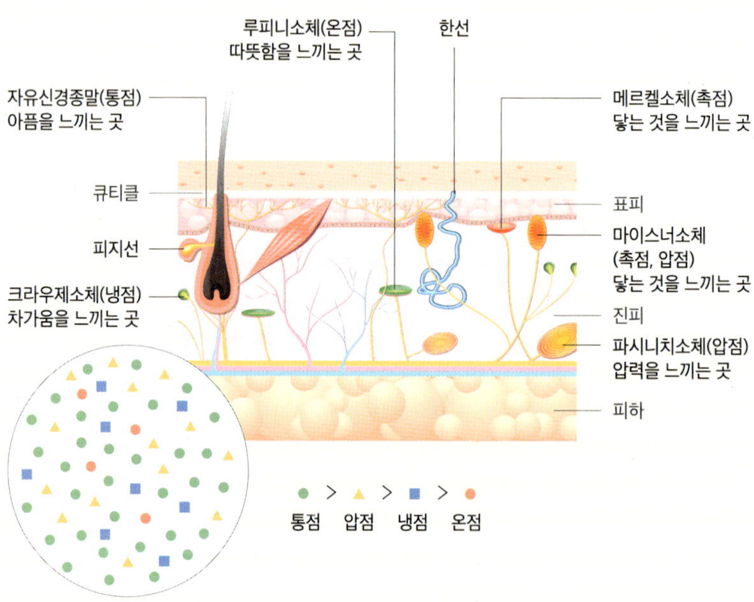

달팽이관 기저막 청신경

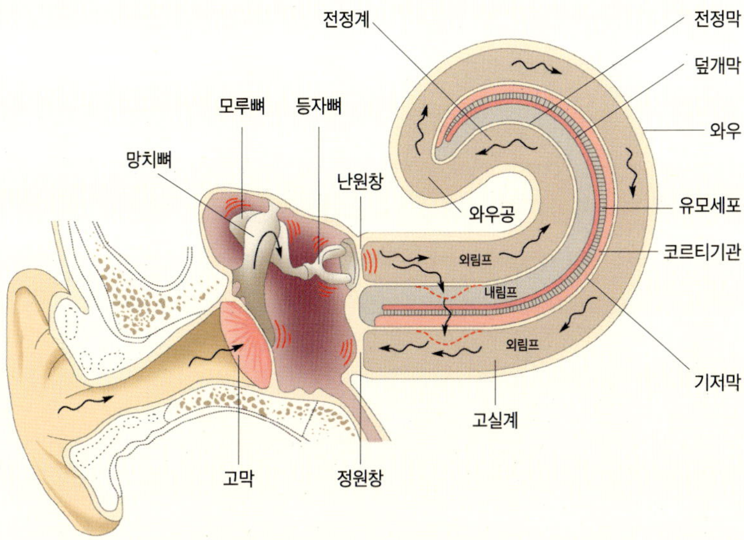

스트레스 반응 시스템(stress response system)

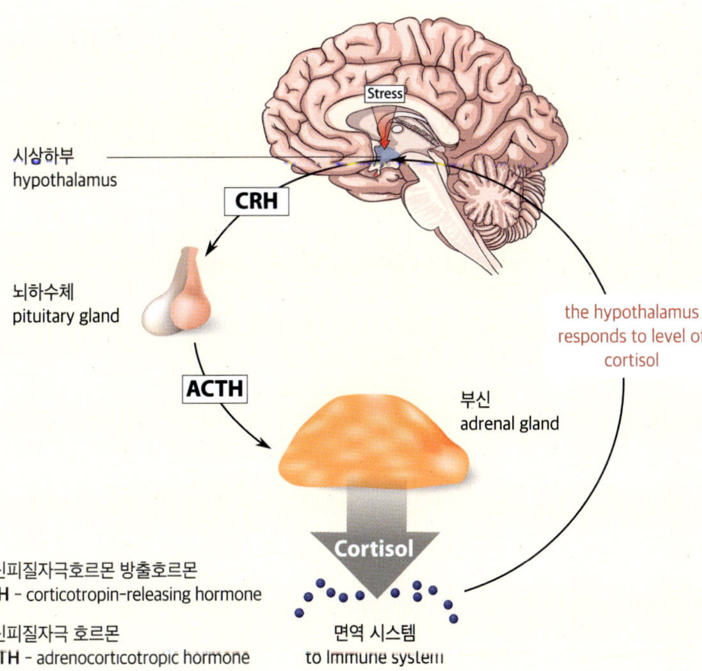

부신피질자극호르몬 방출호르몬
CRH - corticotropin-releasing hormone

부신피질자극 호르몬
ACTH - adrenocorticotropic hormone

4. 뱀부(대나무)의 활용

1) 뱀부(대나무)의 활용품

우리 선조들은 태어나서 죽을 때까지 대나무 도구를 가까이 접하며 살아왔다. 지금은 생활 수준의 향상으로 공산품에 자리를 내어주고 있지만 대나무는 과거 생활도구뿐만 아니라 찜통, 숟가락, 젓가락, 붓, 붓통, 악기 등의 소재로 사용되었다. 대나무의 줄기는 건축 및 농업용 자재, 공예품, 문방구, 생활용품, 화살 등 이용 폭이 매우 넓다. 특히 땅속줄기는 우산 손잡이, 승마용 채찍, 및 도장 재료 등 공예품으로 사용하고 죽순 껍질에는 항균 성분이 있어 고기 포장, 화상 치료 등에 쓰이며, 대나무 가지는 가볍고 탄성이 강하여 빗자루, 땔감 등에 사용된다.

일본의 대표적인 전통문화인 다도는 대나무를 활용하여 차를 타서 마시는 전통적인 차 도구로서 차를 저어 거품을 내는 도구로 활용하며, 남아프리카에서는 가는 대나무로 바구니를 만들어 사용하며 왕대나무를 활용하여 지붕 구조물의 재료로 사용한다. 중국은 죽순 대로 꽃병, 화분 장식장 등을 만들어 이용하였다.

2) 뱀부(대나무)의 약용

대나무는 뿌리에서 잎까지 약용으로 사용도가 높다. 예로부터 민간요법의 재료로 사용되었으며 해열, 고혈압, 중풍, 발한, 거담, 기관지염 등에 사용되었다고 기록되어 있다. 또한 살균에도 효능이 있다. 대나무 잎에는 콜레스테롤 저하, 항균작용, 항산화, 염증 제거, 고혈압 등에 효과적이며 지질의 산화 억제 및 항산화력이 있다.

3) 뱀부(대나무) 숯

숯은 400년 전부터 사용하기 시작했으며 탄소(85%)와 미네랄로 구성되어 있다. 히포크라테스가 간질, 현기증, 탄저병 치료 등에 숯을 이용했다는 기록이 있다. 뱀부(대나무) 숯은 미세한 다공성 구조로 흡착력이 강하고 식중독균에 대한 항균력이 있으며 김치의 젖산균에 대한 항균 효과가 있다. 또한 죽초액(竹酢液)과 함께 토양의 물리적 개선 효과가 있다. 대나무 수액은 2001년 식약청으로부터 식품 원료로 사용인증을 획득하였다.

밤부(대나무)의 활용

구분	내용
밤부(대나무)의 활용품	모자류, 삿갓, 죽석, 참빗, 부채, 가구류, 대악기, 바구니류, 세공예품, 기타 생활기구
밤부(대나무)의 약용	죽순 요리, 죽력(竹瀝), 죽염(竹鹽), 죽엽(竹葉) 등
밤부(대나무) 숲	죽제품 가공 후 폐자원 활용, 공기정화작용, 수질정화작용, 항균 소염작용

chapter
02

뱀부(대나무)테라피의 개요

뱀부(대나무)테라피를 실전에 적용하기 위해서는 뱀부(대나무)를 이해하는 것이 매우 중요하다. 이 장에서는 뱀부(대나무)테라피에 대한 기본적인 내용과 적용에 대해 알아본다.

1. 뱀부(대나무)테라피의 정의

고대 힌두교 지역, 페르시아와 이집트 등에서는 대나무 테라피를 관절과 순환계 문제로 발생하는 질병관리에 적용시킨 것으로 전해진다.

뱀부(대나무)테라피는 다양한 길이와 직경의 뱀부(대나무)를 활용하여 근육을 이완시키는 기법으로서 뱀부(대나무)는 손이나 팔 등과 같은 역할을 하는 중요한 도구이다. 뱀부(대나무)테라피는 오래된 치유 예술테라피 중 하나로 피부미용관리사(테라피스트)의 손에 맞게 자른 다양한 크기의 모양으로 다양한 테크닉을 이용하여 신체에 적용한다.

뱀부(대나무)테라피는 스트레스와 피로를 감소시키며, 순환계를 돕는다. 또한 깊이 있는 힘을 전달할 수 있어 넓은 표면에 고르게 접촉시켜 심부 조직까지 순환을 증가시켜 심부 조직을 이완시키며 근육의 트리거 포인트(trigger point)를 완화시킨다. 피에조 전기 효과로 대사기능이 개선되어 순환계를 활성화시킨다. 또한 뱀부(대나무)테라피는 피부미용관리사의 손가락과 손가락 마디, 손목의 과다 사용으로 인해 발생하는 손가락 관절염, 손 인대 변형 등으로 나빠진 정신적, 육체적 건강 상태와 낮아진 자존감 회복에 도움을 준다. 따라서 뱀부(대나무)테라피는 피부미용관리사뿐만 아니라 고객에게 더욱 만족스러운 에너지 테크닉으로 전달할 수 있는 자연주의 힐링 테라피이다.

2. 뱀부(대나무)테라피의 어원

뱀부(대나무)테라피는 자연과 함께 자연스럽게 사용하기 시작한 테라피 중 하나로 본다. 뱀부(대나무)의 어원은 학자들에 따라 여러 가지로 설명하고 있지만 말레이 반도의 토속어의 'bambu'에서 유래되었다는 것이 지배적인 의견이다. 대 밭에 불이 나면 대 줄기가 팽창하여 '펌(밤, bum)' 하고 폭발음을 내며 터지는데, 이때 대 줄기 속에서 뜨거워진 공기가 '푸(부, boo)'하고 새어 나오는 소리의 의성어에서 비롯되었다는 것이다.

뱀부(대나무)테라피는 2004년 테라피스트인 나탈리 세실리아(nathalie cecilia)에 의해 'bamboo-fusion'이라는 이름으로 창시되었으며 뱀부(대나무)의 다양한 길이와 너비를 이용하여 전체 바디에 적용한 테크닉으로 널리 전파되고 있다.

우리나라는 오래전부터 불사(佛事) 때 승려(僧侶)가 죽비(竹扉)로 손바닥을 쳐서 소리를 내어 대중을 지도하였으며, 경책사(警策師)가 대나무로 어깨부분을 쳐서 소리를 내어 경책하는 데 사용함은 피로와 어깨의 뭉친 근육을 풀어주는 또 다른 의미로 추측할 수 있다. 현재 뱀부(대나무)테라피는 국가직무능력표준(NCS)에 의거하여 산업에 표준화시킴으로써 체계적인 전문성과 경쟁력에 기여하고 있다.

나라별 뱀부(대나무) 명칭

한국	대나무	프랑스	Bambou
일본	다께[take]	라틴어	Bambusa
중국어	추[chu]	영어	Bamboo

3. 뱀부(대나무)테라피의 유형

인간은 태어나면서부터 우주의 대자연과 호흡하며 생명을 유지하여 왔다. 뱀부(대나무)테라피는 자연의 대지에서 성장해 온 대나무를 이용하여 관리하는 테라피로 오래된 치유 예술 테라피(요법) 중 하나이다. 고대 힌두교를 믿었던 지역과 페르시아와 이집트는 많은 질병 관리에 관절과 순환계 문제에 마찰이 적용되는 테라피를 생각해 내어 뱀부(대나무)테라피를 권장한 것으로 전해진다.

최근 우리가 접할 수 있는 현대 뱀부(대나무)테라피의 등장은 수기요법의 발전과 함께 치료를 위한 보조기구의 필요성이 대두됨에 따라 뱀부(대나무)테라피가 진전했음을 의미하며 해부생리학적인 임상효과를 보조적 기구의 증명으로 근육조직, 림프배농, 혈액순환계에 대한 자극 매개체의 도구로서 뱀부(대나무)테라피도 발전된 것으로 보인다.

뱀부(대나무)테라피를 유형별로 간단히 구분하면 다음과 같이 구분할 수 있다.

1) 뱀부(대나무)테라피의 유형별 구분

(1) 유럽식 뱀부(대나무)테라피(european bamboo-therapy)

일상에서 벗어나 자연에서의 삶의 힐링을 추구하는 것에 큰 가치를 두고 있는 유럽에서는 스파문화가 발달하였다. 전통적으로 유럽스파는 관절염을 비롯하여 류머티스와 몇 가지 호흡계 및 순환계 장애와 같은 질병을 위한 메디컬 센터였으며 주변의 온천수, 진흙, 광천수, 소금 등 천연자원이 치료의 기본요소가 됨에 따라 자연스럽게 자연을 소재로 하는 대나무를 접목하면서 현대적인 뱀부(대나무) 테라피로 발전한 경우이다.

(2) 퓨전 뱀부(대나무)테라피(bamboo-fusion therapy)

미국의 뱀부(대나무)테라피 창시자로 불리는 나탈리 세실리아(nathalie cecilia)가 2004년 뱀부(대나무)를 이용하여 고객의 심부근육을 이완시켜 주는 최적의 방법을 개발하였다.

원래 타이테라피스트였던 세실리아는 어느 날 체격이 큰 남자 고객에게 승모근을 강하게 눌러서 풀어달라는 요구를 받았고, 그녀는 고객을 의자에 앉힌 후 타이테라피 시술 시 사용하던 두 개의 긴 대나무 막대를 손에 쥐고 그의 등에서 여섯 발자국 정도 떨어진 위치에 서서 긴 대나무 막대로 고객이 원하는 부위인 어깨를 두드려 주었다. 테라피가 끝난 후 고객에게 '시원하다'는 긍정적인 반응을 얻은 세실리아는 이후 자신의 테라피 테크닉에 대나무 스틱을 적용할 방법들을 연구하여 개발하였으며 다양한 길이와 너비 그리고 다양한 현대의 대나무를 사용하는 'bamboo-fusion'의 시초가 되었다. 그 후 다른 테라피스트들의 요청으로 교육프로그램을 만들었고, 미국 내 ritz-carlton hotel, marriott hotel 등 고급리조트와 스파 내에서 뱀부(대나무)테라피를 프로그램화하여 상품으로 출시하였으며, 전 세계적으로 전파시켰다.

(3) 천지 뱀부(대나무)테라피(tlan di bamboo)

멕시코 출신의 에르네스토 오리티즈(ernesto ortiz)가 중국 전통의학을 바탕으로 고안해 낸 뱀부(대나무)테라피이다. 오리티즈는 1994년부터 신체의 정신과 마음을 통합시키기 위해 도구를 활용하는 방법을 접목하여 뱀부(대나무)테라피 발전의 기초를 마련하였다.

어느 날 오리티즈는 인도네시아 발리섬 중부에 위치한 우붓(Ubud) 마을의 숲속에 사는 원숭이 집단이 뱀부(대나무)를 이용해 바디(body)를 문지르고 반죽하고 눌러주면서 근육을 풀어주는 것을 발견하였다. 그 후 오리티즈는 대나무가 바디의 긴장을 풀어주는데 효과적이라는 것을 깨닫게 되었으며, 다른 도구들보다 유연하고 부드럽다는 뱀부(대나무)의 장점을 이용해 중국 전통의학의 오행 원리(나무, 불, 땅, 금속, 물)와 접목한 혁신적인 천지 뱀부(대나무)테라파를 발전시켰다. 이 천지 뱀부(대나무)테라피는 하늘(天)과 땅(地)의 정신이 연결되어 있는 육체적 상태와 정신적인 부분을 연결한 새로운 방식의 매뉴얼테라피이다.

(4) 동남아식 뱀부(대나무)테라피

대나무가 많이 자생하고, 특히 더운 지역인 베트남, 인도 등에서 시원한 도구로 접목하게 된 테라피로 기법이 난순하고, 주로 스파에서 수기와 대나무 도구를 함께 사용한다. 인도 변두리(체나이)의 길거리에서는 뱀부(대나무)로 두드리기 테크닉을 이용하여 여행객을 대상으로 뱀부(대나무)테라피를 하기도 하였다.

(5) 괄사 뱀부(대나무)테라피

꽈샤, 과샤, 괄사(Gua Sha) 등으로 불리는 중국의 전통 민간요법을 괄사테라피라고 한다. 괄사테라피는 괄사를 이용하여 피부 표면을 강한 압력으로 자극하는 테라피인데, 괄사 대신 대나무를 도구로 사용하여 강한 압력과 자극을 주어 테라피를 수행하기 때문에 괄사 뱀부(대나무)테라피라고 한다. 우리나라에서도 뱀부(대나무)테라피 도입 초기에는 이 방법을 많이 사용하였다.

(6) 한국의 뱀부(대나무)테라피

최근 우리나라의 뱀부(대나무)테라피는 국가직무능력표준(NCS)에 의거하여 뱀부(대나무)테라피를 산업에 표준화하였다. 따라서 뱀부(대나무)테라피 관리 시에는 스웨디시기법(swedish massage technique)의 동작을 응용하여 강하지 않고 가벼운 테크닉으로 뱀부(대나무)테라피 테크닉에 적용한다.

chapter 03

뱀부(대나무)테라피 적용하기

이 장에서는 뱀부(대나무)테라피의 효과, 금기사항, 주의사항, 및 뱀부(대나무)테라피의 소독하기를 정리해 보았다.

1. 뱀부(대나무)테라피의 효과

손으로 매뉴얼테크닉을 수행한 후 뱀부(대나무)를 사용하여 신체 각 부위의 근육에 매뉴얼 테크닉을 수행하면 다음과 같은 효과가 있다.

❶ 부종과 셀룰라이트 분해에 효과가 있고, 혈액순환을 개선시켜 신체의 각각의 기능에 활력을 준다.
❷ 근육 및 관절의 통증과 긴장을 완화시켜 준다.
❸ 심부 조직을 이완시키고, 근육의 트리거 포인트(trigger point)를 완화시켜 준다.
❹ 자율신경의 안정으로 심리적 · 정신적 상태의 균형을 유지한다.
❺ 신체를 이완시켜 에너지를 빠르게 회복시켜 준다.
❻ 압력에 의해 일어나는 피에조 전기 효과로 말초순환계를 활성화시킨다.

*** 트리거 포인트(trigger point)**

어떤 이유에 의해 근육의 통증이 시작되는 점으로 근육마다의 신경 부착점이라 이해하면 된다. 예를 들면, 연못에 돌을 던지면 물의 파문, 물결이 연못 전체에 퍼진다. 이때 트리거 포인트는 돌이 던져진 자리라고 생각하면 쉽게 이해될 것이다.

2. 뱀부(대나무)테라피의 금기사항

❶ 신경성 장애에 의한 마비 환자
❷ 당뇨병, 골절 환자나 최근 수술을 한 사람
❸ 건선, 습진 등의 접촉성 피부염이 있는 사람
❹ 대상포진, 사마귀, 피부암이 있는 사람
❺ 화상, 여드름을 동반하였을 때
❻ 심장 관련 문제가 있거나 심부정맥 혈전증 이 있는 사람
❼ 정맥류 질환자

3. 뱀부(대나무)테라피의 주의사항

❶ 관리 전 고객과의 충분한 상담을 통하여 냉 · 온 관리 유무를 파악하도록 한다.
❷ 사용한 뱀부(대나무)는 중성세제를 이용하여 흐르는 물에 씻어낸 후 자외선 살균소독기에서 10분 이상 소독하고 위생적인 곳에 보관한다.
❸ 관리 시 뱀부(대나무)가 뼈를 터치하지 않도록 한다.
❹ 순환 방향에 맞게 일정한 속도와 강약을 조절한다.

4. 뱀부(대나무) 소독하기

(1) 뱀부(대나무) 소독 방법

뱀부(대나무)의 속은 아미노산과 지방산 그리고 무기성분 등의 영양물질이 풍부하여 주변 환경(온도와 습도 등)에 따라 곰팡이균류, 선충, 진딧물 등의 해충으로부터 감염이 생길 수 있으므로 깨끗하게 소독하여 청결 상태를 유지하여야 한다.

❶ 관리 전 소독

- 관리 전 뱀부(대나무)의 소독은 중성세제을 이용하거나 소독용 알코올(70% 알코올) 또는 과산화수소를 사용하여 소독한다.

• 뱀부(대나무) 오일을 붓으로 도포하여 위생적인 곳에 보관한다.

* 소독 시 과산화수소는 산화력에 의해 대나무 도구가 변색될 수 있으므로 주의한다.

❷ 관리 후 소독

• 중성세제를 이용하거나 온습포를 이용하여 닦아준 후 소독용 알코올(70% 알코올) 또는 과산화수소를 사용한다.

• 뱀부(대나무) 오일을 붓으로 도포하여 위생적인 곳에 보관한다.

(2) 뱀부(대나무) 관리 방법

❶ 뱀부(대나무) 도구는 생명력 있는 식물세포 조직으로 이루어져 있기 때문에 보관이나 관리 조건에 따라 대나무가 갈라질 수 있다.

❷ 정상가공 처리되지 않은 뱀부(대나무)를 장시간 사용하지 않을 경우에는 수분을 흡수할 수 있는 신문지나 부드러운 천에 뱀부(대나무)를 감싸 냉동실에 보관하면 대나무 도구의 수명주기를 연장할 수 있다.

chapter
04

뱀부(대나무) 적용하기

뱀부(대나무)테라피의 도구인 뱀부(대나무)의 종류 및 효능을 알고 새로운 테라피인 뱀부(대나무)테라피를 이해하고 올바르게 사용하는 것이 아주 중요한 부분이다. 이단락에서는 뱀부(대나무)의 종류 및 효능과 한국형뱀부(대나무)에서 사용할 도구, 뱀부(대나무)의 작용원리에 대해 알아본다.

1. 뱀부(대나무)의 종류 및 효능

다양한 길이와 굵기를 가진 뱀부(대나무)를 신체 부위(얼굴, 몸통, 상지, 하지 등)에 맞게 잘 선택하고, 필요에 따라 관리 목적에 맞는 오일을 사용하여 피부 및 바디관리 도구로 활용한다.

뱀부(대나무)는 음이온을 발생시켜 혈액을 맑게 하고 열을 감소시키며, 뱀부(대나무)의 바이오플라보노이드 성분은 항산화, 항염증, 세포 손상 보호에 효과가 있다. 또한 뱀부(대나무)의 사용으로 발생하는 음악적 파동을 통해 심리적인 안정과 심신의 편안함을 느낄 수 있다.

한국형 뱀부(대나무)의 도구 종류

구분	종류	예시
바디용 (body bamboo)	• 길이 28cm, 직경 4.5cm • 길이 45cm, 직경 4cm • 길이 30cm, 직경 4cm	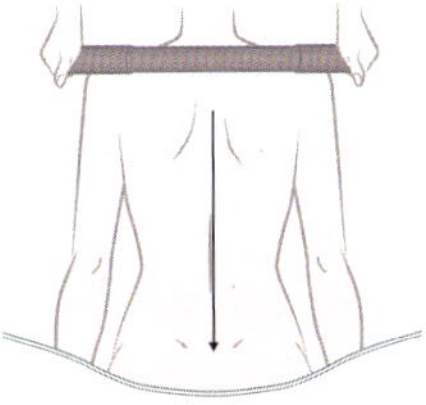
얼굴관리용 (face bamboo)	• 길이 25cm, 직경 1.5cm	
손목, 손바닥, 발바닥	• 길이 25cm, 직경 7~9mm	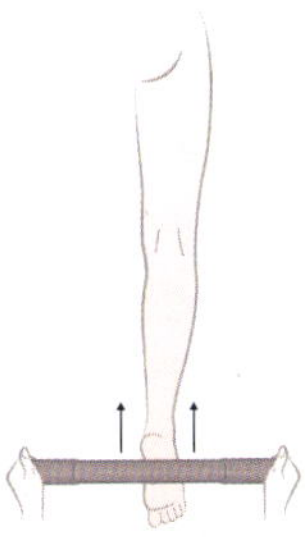

뱀부(대나무) 스틱

출처 : (사)한국피부미용사회중앙회(2010). 『CIDESCO 세미나자료집』. (사)한국피부미용사회중앙회 출판부. [그림 6-1] 뱀부(대나무) 스틱

2. 뱀부(대나무)의 작용원리

1) 지렛대 원리

뱀부(대나무)테라피는 인체의 혈행의 원활한 흐름을 통해 부종, 셀룰라이트 분해, 림프배농에 영양을 주는 작용원리로 아르키메데스의 과학적인 지렛대 원리를 이용하여 작은 힘으로 큰 힘을 얻어낼 수 있다. 지렛대 원리가 수직으로 올라가는 원리의 선이라면 뱀부(대나무) 테크닉은 수평 방향, 수직 방향, 굴려서 밀어주는 동작으로 받침점이 단단하게 고정되어야 힘점의 힘이 안정되어 관리할 수 있다.

지렛대 원리

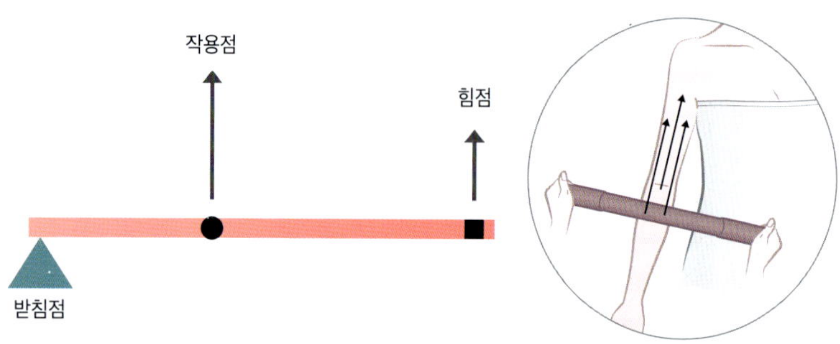

① 힘점 : 뱀부(대나무)에 힘이 직접 작용하는 위치를 말한다. 힘점의 세기와 방향은 적용점의 무게와 부피의 방향으로 힘이 작용한다.

② 받침점 : 뱀부(대나무) 부위를 받쳐주는 위치를 말한다.

③ 작용점 : 고객의 바디에 힘이 작용하는 위치를 말한다. 작용점의 힘 방향은 뱀부(대나무)의 각도와 아주 밀접한 관계가 있다.

2) 피에조 전기(piezoelectricity) 원리

물질은 원자로 이루어지고 원자는 양성자와 전자로 이루어져 있다. 물질을 누르면 한쪽 표면으로 전자들이 더 많이 분포하고 다른 표면에는 부족한 쏠림 현상이 일어나 전자가 많은 쪽은 음극이 되고 전자가 부족한 쪽은 양극으로 분극되는 현상이 순간적으로 일어난다. 계속적인 자극의 변화를 주면 물질의 표면에 분극이 유지된다. 우리 신체의 근막과 근육처럼 문살 무늬 또는 정(井)자 무늬인 조직에 물리적인 힘이 가해지면 양쪽에 전위차가 발생된다는 원리이다. 물리적인 마찰을 가했을때 국소부위에서 약한 전기가 발생하는 원리로 뱀부(대나무)로 긴장된 국소부위에 물리적인 자극을 가하면 피에조 전기가 발생된다.

3) 초전기(pyroelectricity) 원리

초전기 원리는 마찰을 가해 발생하는 열이 근막에 파이로 전기를 발생시키며, 물질의 반대 방향이나 (+), (-)전위가 이동하며 전위차가 발생하는 원리이다. 초전기 효과는 아주 미세한 작은 온도 차이에도 나타난다.

피에조 전기와 초전기의 원리

피에조 전기(piezoelectricity) 원리

특정한 물질의 결정체에 일정한 방향으로 힘을 가하여 전기분극이 발생하는 효과를 말한다. 피에조 전기라고 하며 피에조 전기에 의해 열이 발생하고 파이로 전기현상이 일어난다.

초전기(pyroelectricity) 원리

어떤 결정체의 일부를 가열하면 그 표면에 전기가 나타나는 현상을 말한다.

Part 02

밤부(대나무)테라피 실습하기

chapter
01

뱀부(대나무) 매뉴얼테크닉

이 장에서는 뱀부(대나무) 매뉴얼테크닉의 목적, 뱀부(대나무) 매뉴얼테크닉 방법을 이해하고 한국형 뱀부(대나무) 매뉴얼테크닉 기본 동작 및 효과를 정리하여 이론 학습을 통해 실전에 뱀부(대나무)테라피를 적용할 수 있도록 하였다. 테크닉 시 갖추어야 할 조건으로 뱀부(대나무) 매뉴얼테크닉의 효과에 영향을 미치는 인자에 대해 학습할 수 있도록 하였다.

1. 뱀부(대나무) 매뉴얼테크닉 목적

뱀부(대나무) 매뉴얼테크닉은 매개체(크림, 오일, 로션)를 이용하여 다양한 길이와 굵기를 가진 뱀부(대나무)를 부위(얼굴, 몸통, 상지, 하지 등)에 맞게 사용하여 피부미용관리 도구로 활용한다. 대나무의 다양한 길이와 너비를 이용하여 강약을 조절하며 깊은 테크닉을 유도하고 3가지 방법과 5가지 테크닉을 기본으로 하며 방향, 압력, 속도와 리듬, 자세, 시간, 횟수를 조절하여 혈액순환을 개선하고 근육의 이완효과를 주어 피부의 생리기능을 향상시킨다. 고객의 심리적 안정과 신체 조직의 기능 회복, 혈액순환과 신진대사를 증진시켜 체내 노폐물을 배출시켜 건강한 피부, 건강한 몸을 유지하는데 그 목적이 있다. 또한 깊이 있는 힘을 전달할 수 있어 넓은 표면에 고르게 접촉시켜 심부 조직까지 순환을 증가시켜 심부 조직을 이완시키며 근육의 트리거 포인트(trigger point)를 완화시킨다.

2. 뱀부(대나무) 매뉴얼테크닉 방법

기존에 알려진 뱀부(대나무)테라피의 동작은 신체 부위에 따른 근육의 특징, 근육 결에 따라 적절한 문지르기 방법, 괄사 방법 및 지렛대 방법을 다양하게 활용하여 한국형배농테라피, 중국전통마사지, 림프드레나지(lymppdrainage), 시아추(shiatsu), 아율베딕마사지(ayurvedic massage) 등의 뱀부(대나무)를 활용하고 있다.

1) 문지르기 방법

피부를 마찰하는 테크닉으로 세포에 영양을 공급하고 림프의 배농을 촉진하며 혈액순환계의 문제 등에 도움을 준다.

2) 괄사 방법

피부에 반복적으로 압력을 주어 강한 근육통 또는 통증의 원인이 있는 곳에 혈액을 원활하게 공급하고 근육의 피로 상태를 해결하는데 도움을 준다. 또한 면역력계를 활성화시켜 항상성을 회복시킨다.

3) 지렛대 방법

피부를 압박하는 방법으로 근막조직과 신경조직에 힘을 전달하여 셀룰라이트 분해, 림프배농 혈액순환을 통해 독소와 노폐물을 배출시켜 부종과 근육 이완 효과를 준다.

3. 뱀부(대나무) 매뉴얼테크닉 기본동작 및 효과

국가직무능력표준(NCS) 의거하여 한국형 뱀부(대나무)테라피는 손으로 매뉴얼테크닉을 수행한 후 뱀부(대나무)를 사용하여 신체 각 부위의 근육에 매뉴얼테크닉 동작을 적용한다. 매뉴얼테크닉 동작은 기본 동작의 유형이 다양하고 부위와 기대하는 효과에 따라서 적용하는 동작의 종류가 다르다. 그 기본적인 동작들은 다음과 같이 분류한다.

1) 쓸어서 펴 바르기

피부 표면에 밀착하여 가벼운 힘과 일정한 속도로 부드럽게 쓸어서 펴바르고 어루만지는 방법이다. 모든 테크닉 동작의 처음과 끝에 실행할 수 있으며 부드러운 마찰 작용과 진정 작용을 하므로 진정 테크닉 동작이라고도 한다.

방법

뱀부(대나무)를 전체를 사용하여 느리고 규칙적이며 가볍게 쓸어서 펴바르는 동작으로 테크닉의 처음과 끝에 행하는 동작을 말한다. 또한 약간 힘을 넣어 쓸어서 펴바르는 듯한 동작을 말한다.

효과

- 림프액의 순환을 도와 노폐물을 제거시킨다.
- 정맥혈의 순환을 촉진시킨다.
- 자율신경계에 영향을 미쳐 피부에 휴식을 준다.
- 신진대사를 증가시키고 피부 내부의 영양 공급을 도와준다.
- 다음 단계의 마사지를 위한 준비 단계로서 고객의 근육과 정신적인 긴장을 이완시킨다.

2) 밀착하여 펴 바르기

뱀부(대나무)를 이용하여 시행하는 동작으로서 부위에 따라 적절한 힘을 가하면서 피부 마찰을 유도하는 테라피 동작이다. 뱀부(대나무) 부분을 이용하여 테크닉 동작으로 점차적으로 부위를 옮겨가며 실행한다. 피부에 가하는 힘의 정도에 따라 부드럽게 밀착하여 펴 바르기와 세게 밀착하여 펴 바르기 동작이 있으며 동작의 방향에 따라 수평 방향으로 밀착하여 펴 바르기, 수직 방향으로 밀착하여 펴 바르기, 굴려 펴 바르기 동작이 있다.

방법

피부에 수평 방향, 수직 방향, 굴려 밀착하여 부드럽게 또는 세게 밀착하여 밀어 쓸어주는 동작이다.

효과

- 신진대사를 활성화시켜 결체조직에 효과를 준다.
- 혈액순환을 촉진시킨다.
- 노폐물 제거에 좋다.
- 대사속도를 높여 세포와 간질액 사이의 교환을 촉진시킨다.
- 표정근육의 조직을 이완시켜 주고 근육을 강화시킨다.

3) 어루만져 펴 바르기

피부와 근육을 밀듯이 압박하여 밀어주는 동작을 반복한다. 뱀부(대나무)를 이용하여 피부와 마찰하는 방법으로 강한 어루만져 펴 바르기와 어루만져 펴 바르기가 있다.

방법

피부를 마찰하는 방법을 이용하여 피부를 좌우로 비틀거나 쓸어주는 동작을 말한다. 뱀부(대나무)의 간격을 두고 서로 반대 방향으로 짜는 듯한 느낌으로 세게 누르는 방법이다.

효과

- 피부 내층과 근육층 깊은 곳까지 강하게 자극을 주어 혈액순환을 촉진시킨다.
- 셀룰라이트 등 불필요한 지방의 배출을 촉진시킨다.
- 혈액과 림프액을 순환시켜서 노폐물을 제거하고 근육의 경련을 풀어준다.
- 결합조직의 탄력성을 증가시킨다.

4) 떨며 펴 바르기

뱀부(대나무)를 이용하여 해당 부위에 밀착시켜 빠르고 고르게 조절하여 떨어주며 진동시키는 동작이다. 피부의 심부조직을 자극시켜 근육통이나 피로를 풀어주는 동작이다.

방법

일정한 피부 부위를 일정한 리듬으로 진동하게 하는 동작이다. 뱀부(대나무)에 일정한 힘을 주어 두 손을 동시에 움직이며 피부에 고른 진동을 주어 섬세한 자극을 주는 동작이다. 떨기의 세기에 따라 효과도 다르다.

효과

- 경직되거나 긴장된 근육을 이완시킨다.
- 피부심층을 자극시켜 피부의 탄력을 증가시킨다.
- 신경을 자극하여 피로를 풀어주고 근육통을 덜어준다.
- 혈액과 림프의 순환을 촉진시킨다.

5) 토닥토닥 펴 바르기

뱀부(대나무)를 이용하여 가볍게 두드리는 동작으로 소리에 의한 신경계의 반응을 촉진시킨다. 활기, 생기 및 자극을 주기 위하여 사용되는 동작이다.

방법

필요한 부위에 뱀부(대나무)를 가벼운 리듬으로 토닥토닥 두드리는 동작으로 뱀부(대나무)에 전혀 힘을 가하거나 압력을 가하지 않는 방법이다.

효과

- 혈액순환과 신진대사 작용을 높여준다.
- 실행 부위 근육의 위축을 예방해 준다.
- 말초신경조직을 자극한다.
- 과잉 지방 축적을 예방한다.
- 피부의 탄력성을 증가시킨다.

4. 뱀부(대나무) 매뉴얼테크닉의 효과에 영향을 미치는 인자

1) 매개체(media)

뱀부(대나무)테라피의 동작 시 대나무와 피부의 마찰을 줄이고 효과를 높이기 위하여 사용하는 오일 등을 말한다. 매개체의 선택 역시 개인적인 요인으로 선택할 수 있다.

2) 압력(pressure)

뱀부(대나무)테라피는 대나무를 누르는 손바닥과 손목 압력의 강약과 마찰력이 중요한 부분을 차지하기 때문에 테크닉 동작에 앞서 고객에게 적합한 압력을 테스트하고, 그 수치를 기억하여 피부의 상태나 신체 및 체형의 상태(골격), 개인적인 반응 정도에 따라 조절하여 이상적인 적정 테크닉과 압력을 수행한다. 너무 강한 압력은 피부 조직을 상하게 하는 원인이 될 수 있으므로 주의한다.

3) 방향(direction)

발바닥부터 종아리, 허벅지, 엉덩이 방향으로 관리하며, 주로 정맥의 방향이나 림프순환을 기초로 심장으로 향하는 방향으로 관리한다.

4) 속도와 리듬(rate and rhythm)

긴장을 완화시켜 안정감을 느낄 수 있도록 천천히 리듬감을 살리는 속도로 관리한다.

5) 자세(position)

피부미용관리사(테라피스트)는 관리 시 효과를 높이기 위해 체중을 실어 관리해야 하며 고객에게 유익한 관리를 제공하기 위해 고객의 침대 곁에 있어야 한다. 또한 관리 부위에 무게를 완전히 지지해야 하며 불필요한 이동은 가능한 한 삼가는 것이 좋다.

6) 관리 시간(time)

피부 상태나 관리 부위 및 목적, 개인적인 차이에 따라 시간을 조정하며, 보통 얼굴 관리는 10~20분(보통 15분)이 적합하고, 전신 마사지는 1시간~1시간 30분 정도 소요하는 것이 바람직하다.

7) 횟수(frequence)

고객의 피부 상태, 연령, 부위, 관리 목적 등 상태에 따라 다르나 1주일에 1~2회 정도 실시한다. 진행 상태, 고객의 여건 등을 고려하여 규칙적인 방법을 선택하도록 하는 것이 좋다.

위의 구성요소를 적용하여 뱀부(대나무)테라피를 시행하면 고객과 상호 교감을 통하여 신뢰와 만족감을 높임으로서 관리효과를 증진시시킬 수 있다.

chapter
02

뱀부(대나무) 테크닉 수행 전 위생관리

뱀부(대나무)테라피를 실전 적용하는 테라피스트의 기본적인 의무인 피부미용사의 위생관리, 공중위생법상 피부관리사의 준수사항에 대해 알아본다.

1. 피부미용사의 위생관리

피부미용관리실에서 고객 접객 및 피부관리 시 피부미용사의 복장 및 개인 위생이 청결하고 단정해야 한다.

❶ 손님과의 간격은 20~30cm 정도 유지하고 항상 예의 바른 태도를 취한다.
❷ 항상 청결함을 유지하며 구취나 체취가 나지 않도록 유의하고, 관리 시 마스크를 착용한다.
❸ 관리 전후 손을 소독한다.
❹ 복장, 언어, 표정 등 청결하고 단정한 이미지를 유지하고 신발에 소리가 나지 않도록 주의한다.
❺ 목걸이, 팔찌, 반지 등의 장신구는 착용하지 않는다.
❻ 가벼운 화장을 하고 예의 있는 언행으로 고객을 대해야 한다.
❼ 손톱은 항상 짧고 청결해야 한다.

❽ 짧은 머리는 핀으로 고정하고, 긴 머리는 단정하게 묶어 올린다.

❾ 관리 중 전화를 받거나 머리카락 등 다른 물건을 만지는 경우는 티슈로 감싼 후 만지도록 하며 반드시 손 소독을 한 후 다시 관리한다.

2. 공중위생법상 피부관리사의 준수사항

❶ 점 빼기, 귓불 뚫기, 쌍꺼풀 수술, 문신, 박피술 등의 유사행위를 하지 않는다.

❷ 화장품 사용 시 스파츌라로 덜어서 사용하고 뚜껑을 반드시 닫아둔다.

❸ 바닥에 떨어진 물건들은 반드시 소독한 후에 사용한다.

❹ 일회용품은 고객 1인에 한하여 사용하여야 한다.

❺ 장비와 도구들은 사용하기 전 반드시 소독 및 위생 처리한다.

❻ 소독한 기구와 소독할 기구는 각각 다른 용기에 넣어 보관한다.

Part 03

뱀부(대나무)테라피 테크닉 적용하기

chapter
01

뱀부(대나무) 테크닉 적용

뱀부(대나무)테라피를 적용하여 얼굴과 몸매의 피부를 관리한다.

1. 고객 상담

1) 방문동기 파악하기

고객이 피부미용관리실을 어떻게 알고 방문하게 되었는지 경로를 파악한다. 매체를 통한 방문, 온라인 광고(검색 키워드, 이메일, 블로그 등)를 통한 방문, 지인을 통한 방문, SNS를 통한 방문 등이 있다.

2) 고객 응대

피부미용관리사(테라피스트)는 단정한 용모와 상냥한 어조로 친절한 예의를 갖추고 고객을 응대하여 고객으로부터 피부미용관리에 대한 신뢰와 안정감이 들도록 한다. 방문 시 고객 응대 요령, 전화 응대 요령, 클레임 발생 시 고객 응대 요령 등이 있다.

3) 고객관리차트 작성하기

고객관리카드 작성 → 피부유형 및 몸매 진단카드 작성 → 고객 피부관리및 몸매 기록카드 작성

4) 분석

피부 및 몸매의 상태 변화를 문진법, 견진법, 촉진법 등의 상담을 통해 살펴본 후 피부 및 몸매 상태에 맞게 관련 피부미용기기나 도구를 활용하여 피부 분석을 하도록 한다.

5) 계획

피부 및 몸매 관리 프로그램 계획 → 피부 및 몸매관리 계획 작성표 → 수행하기 → 관리 후 상담 → 재방문 시 카운슬링

6) 관리 후 상담

피부 관리가 종료된 후 고객이 원하는 관리가 잘 이루어졌는지 만족도 여부를 체크하고 확인한다. 고객의 다음 방문 시까지 자가 관리(home care)방법과 조언을 해줌으로써 고객의 신뢰를 이끌어 내는 상담이 이루어져야 한다. 전화, 이메일, 문자 등을 이용하여 고객관리가 지속적으로 이루어질 수 있도록 한다.

2. 고객 상담 후 뱀부(대나무)테라피를 위한 수행 준비

1) 고객 준비 사항

❶ 고객을 탈의실로 안내한다.
❷ 고객에게 고객 가운을 착용하도록 안내한다.
❸ 고객의 개인 소지품과 귀중품은 개인 사물함에 의복과 함께 보관하도록 안내한다.

2) 뱀부(대나무)테라피를 하기 위한 준비사항

❶ 고객의 관리 부위에 맞는 소독된 뱀부(대나무) 스틱을 준비한다.
❷ 가운을 착용한 고객을 베드로 안내한다.

❸ 고객에게 금속성 액세서리를 착용하고 있는지 확인한다.

❹ 고객에게 뱀부(대나무)테라피 관리 시 금기사항을 체크하며 주의사항을 알려준다.

❺ 고객이 편안하게 관리받을 수 있도록 시트지를 덮은 상태에서 가볍게 전신 스트레칭한다.

뱀부(대나무)테라피 실기 준비물

고객의 관리 부위에 맞는 뱀부(대나무), 화장솜, 손 소독 알코올, 뱀부 전용 오일, 타월, 고객 가운, 헤어 터번, 오일 볼, 오일 붓, 뱀부(대나무) 소독 제품

3. 피부 유형에 따른 뱀부(대나무)의 온도 조절 관리

온열 뱀부(대나무)

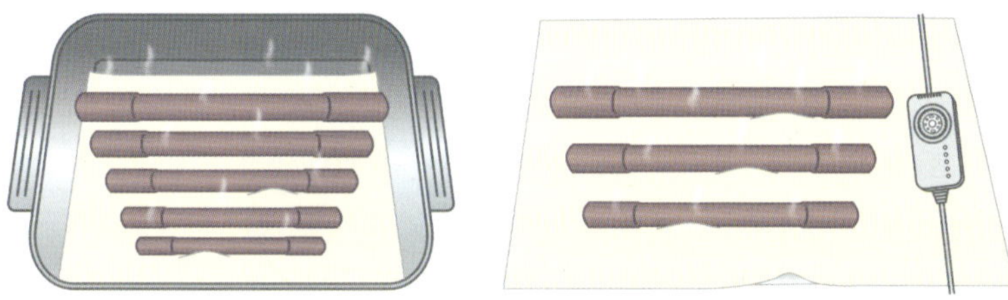

전기 패드 사용, 온습포로 감싸기

냉 뱀부(대나무)

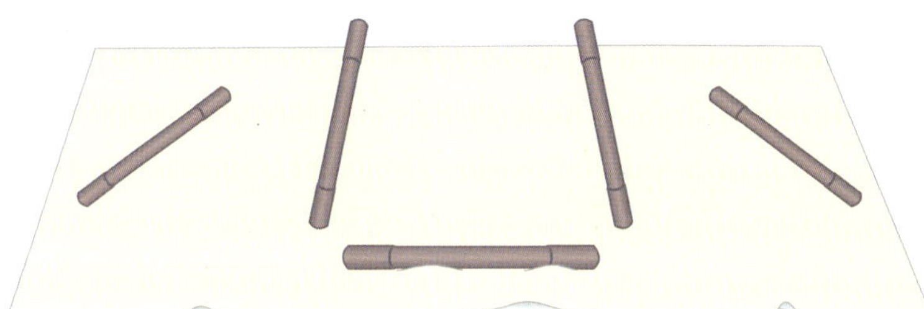

뱀부(대나무) 사용, 냉습포로 감싸기

뱀부(대나무) 테크닉 - 얼굴 앞면

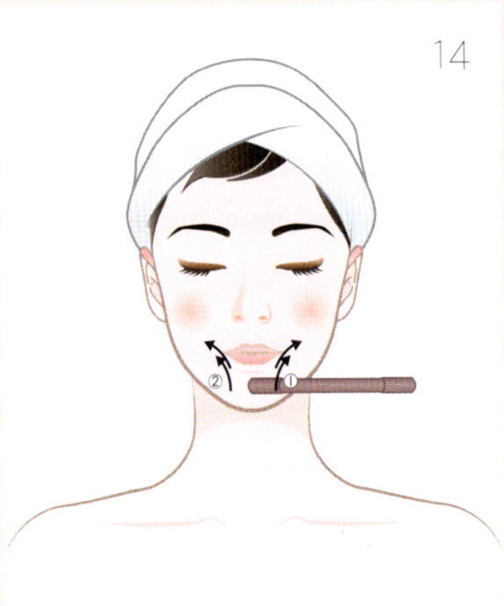

14. 입술 부위를 뱀부(대나무)를 이용하여 가볍게 굴려 쓸어준다. (3회)
반대쪽도 동일하게 실시한다.

15. 윗입술 부위를 뱀부(대나무)를 이용하여 좌우 쓸어준 후(①), 가볍게 굴려준다(②). (3회)
반대쪽도 동일하게 실시한다.

16. 턱 중앙에서 턱끝까지 뱀부(대나무)를 이용하여 쓸어 준다(①, ②).
(1회) 반대쪽도 동일하게 실시한다.

17. 입술꼬리에서 뱀부(대나무)를 이용하여 귀 중앙 부위까지 당기듯 쓸어준다. (1회)
반대쪽도 동일하게 실시한다.

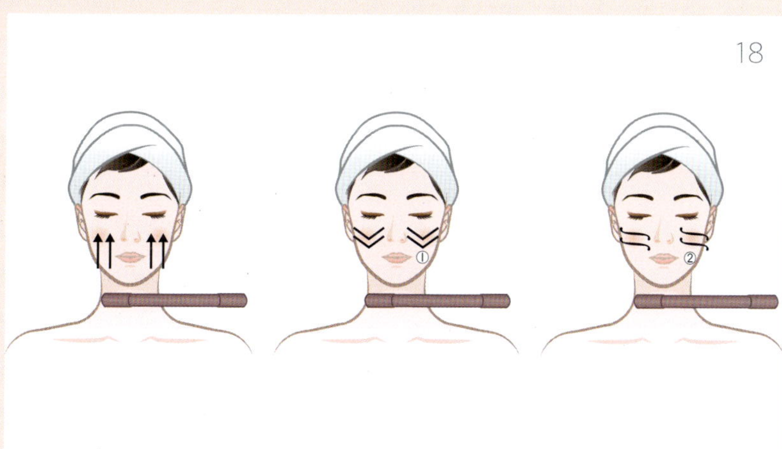

18. 광대뼈까지 뱀부(대나무)를 이용하여 쓸어 올린다. 뺨 라인에 걸치듯 밀착한 후(①), 떨어준다(②).
(3회) 반대쪽도 동일하게 실시한다.

얼굴 관리

19. 뺨 라인을 뱀부(대나무)를 이용하여 콧방울에서 눈꼬리 측면까지 당기듯 쓸어준다. (1회)
반대쪽도 동일하게 실시한다.

20. 뱀부(대나무)를 이용하여 콧벽에 밀착하여 굴려준다. (3회) 반대쪽도 동일하게 실시한다.

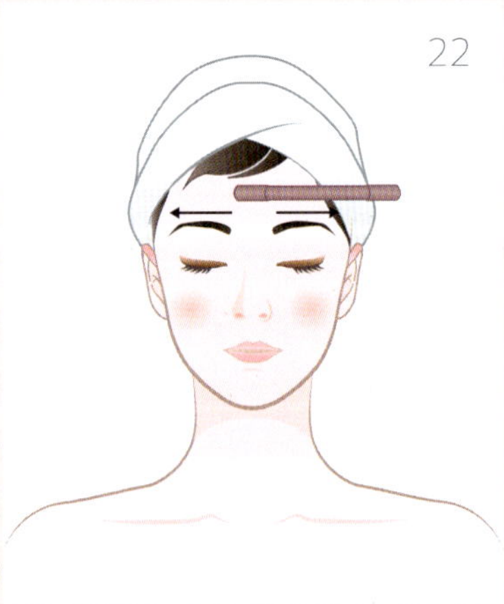

21. 눈 주위를 뱀부(대나무)를 이용하여 눈꼬리 측면까지 당기듯 쓸어준다. (1회)
반대쪽도 동일하게 실시한다.

22. 뱀부(대나무)를 이용하여 눈썹머리에서 눈꼬리까지 쓸어준다. (1회)
반대쪽도 동일하게 실시한다.

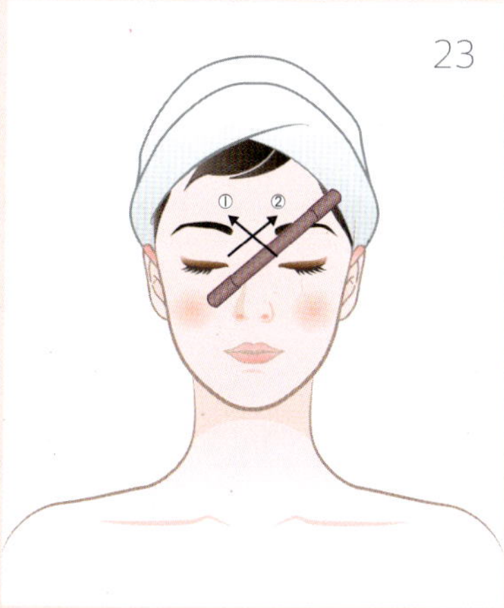

23. 뱀부(대나무)를 이용하여 미간을 쓸어준다. (3회) 반대쪽도 동일하게 실시한다.

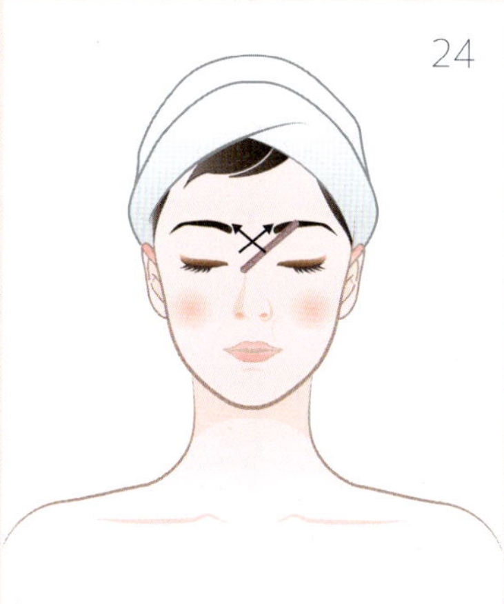

24. 뱀부(대나무)를 이용하여 미간에 가볍게 밀착하여 좌우로 굴려 쓸어준다. (3회)
반대쪽도 동일하게 실시한다.

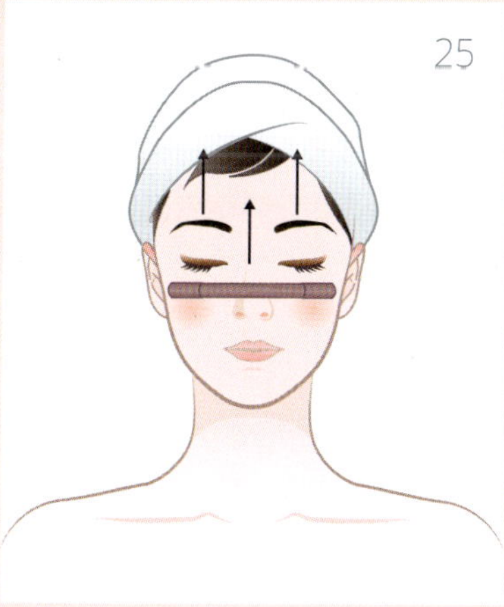

25. 뱀부(대나무)를 이용하여 이마를 가볍게 쓰어준다. (1회)

뱀부(대나무) 테크닉 - 얼굴 옆면

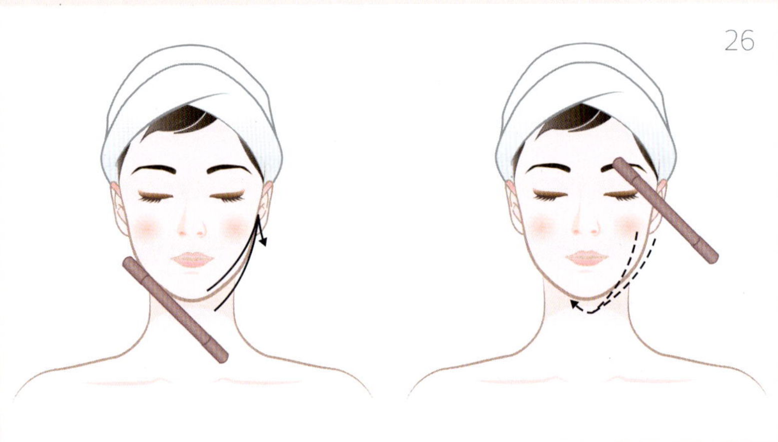

26. 뱀부(대나무)를 귓불까지 밀착시켜 가볍게 쓸어 올린다.
뱀부(대나무)를 귓불 앞에서 쓸어준 후, 턱 라인까지 가볍게 내려준다. (3회)
반대쪽도 동일하게 실시한다.

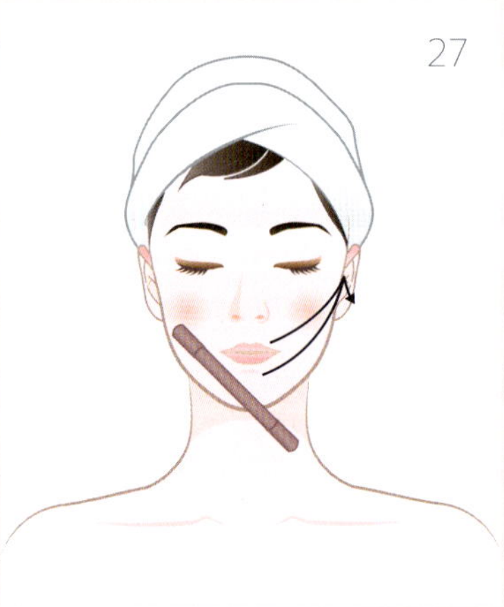

27. 아랫입술 밑 중앙 부위에 뱀부(대나무)를 이용하여 귀 중앙 부위까지 밀착시켜 가볍게 쓸어 올린다. (3회) 반대쪽도 동일하게 실시한다.

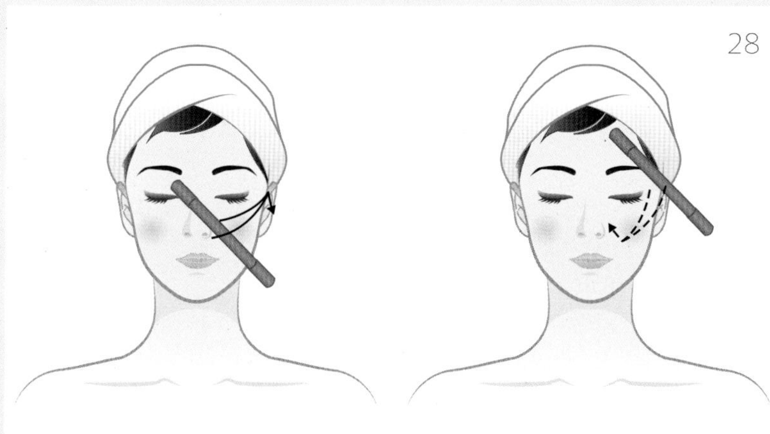

28. 콧방울에서 눈꼬리 부위까지 뱀부(대나무)를 밀착시켜 가볍게 쓸어 올린다.
뱀부(대나무)로 눈옆을 쓸어준 후, 콧방울까지 가볍게 내려준다. (3회) 반대쪽도 동일하게 실시한다.

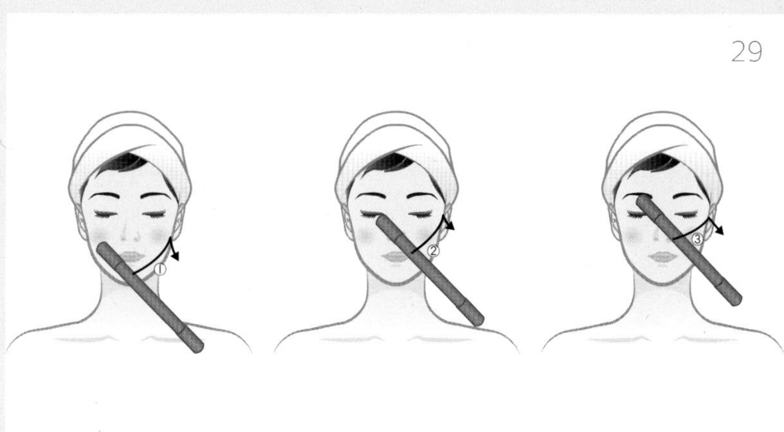

29. 뺨 부위를 뱀부(대나무)를 이용하여 귓불까지 굴려 쓸어준다(①).
귀 중앙 부위까지 밀착시켜 굴려 쓸어준 후(②), 눈꼬리 측면까지 가볍게 굴려 쓸어준다(③). (1회)
반대쪽도 동일하게 실시한다.

얼굴 관리

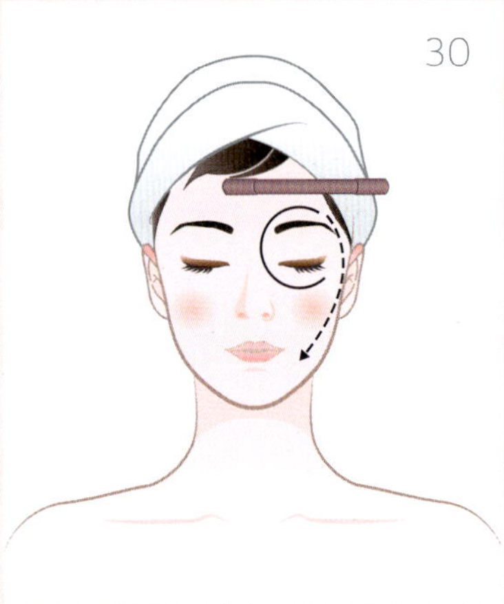

30. 눈 주위를 뱀부(대나무)를 이용하여 눈썹꼬리까지 쓸어준 후, 아랫입술 중앙 부위까지 가볍게 쓸어준다. (1회) 반대쪽도 동일하게 실시한다.

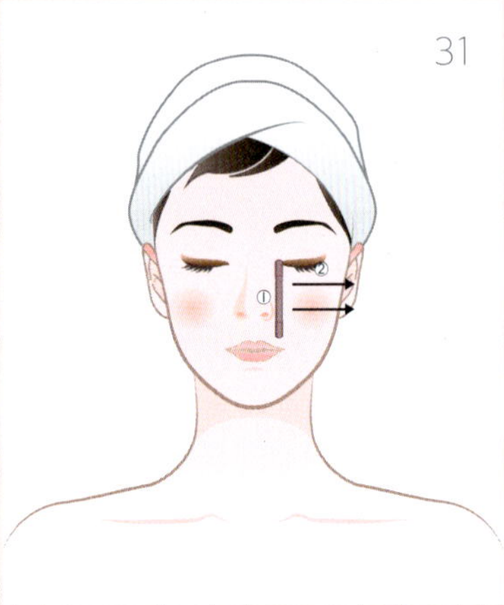

31. 뱀부(대나무)를 이용하여 코 측면을 밀착하여 쓸어준다. (1회) 반대쪽도 동일하게 실시한다.

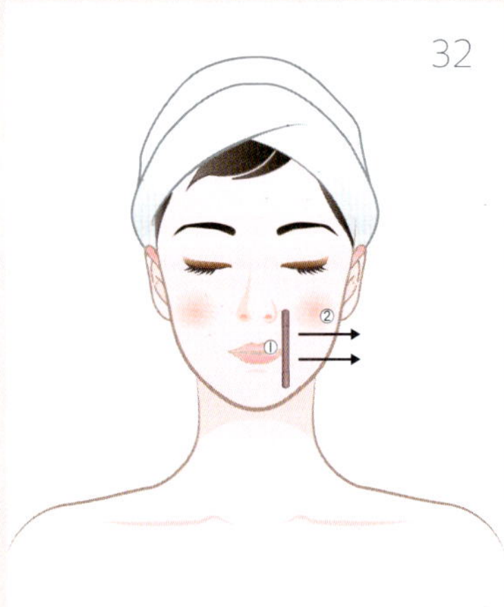

32. 뱀부(대나무)를 이용하여 입술 끝 측면을 밀착하여 굴려 쓸어준다. 반대쪽도 동일하게 실시한다.

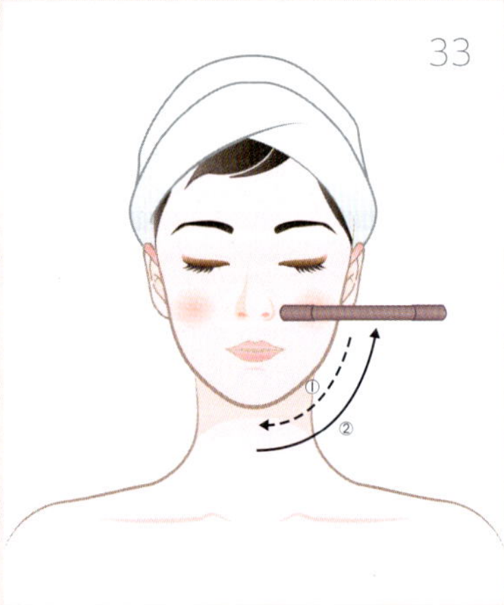

33. 뱀부(대나무)를 이용하여 턱 밑을 쓸어준다. (3회) 반대쪽도 동일하게 실시한다.

34. 목 부위를 뱀부(대나무)를 이용하여 가볍게 두드린 후(①), 가볍게 쓸어 내린다(②). (3회) 반대쪽도 동일하게 실시한다.

35. 뱀부(대나무)를 이용하여 목 부위를 쓸어준다. (3회) 반대쪽도 동일하게 실시한다.

핸드 테크닉 - 얼굴 앞면

36. 이마를 양 손바닥을 이용하여 귓불까지 쓸어준다. (1회)

37. 눈 밑에서 엄지를 이용하여 눈 측면으로 양 손바닥으로 쓸어준다. (1회)

38. 입술 중앙 부위에서 귓불까지 양 손바닥으로 쓸어준다.

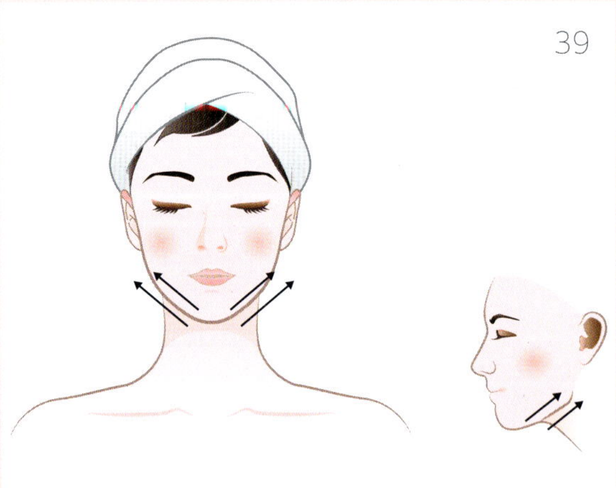

39. 턱 중앙에서 턱 끝까지 양 손바닥으로 쓸어준다. (1회)

등 관리

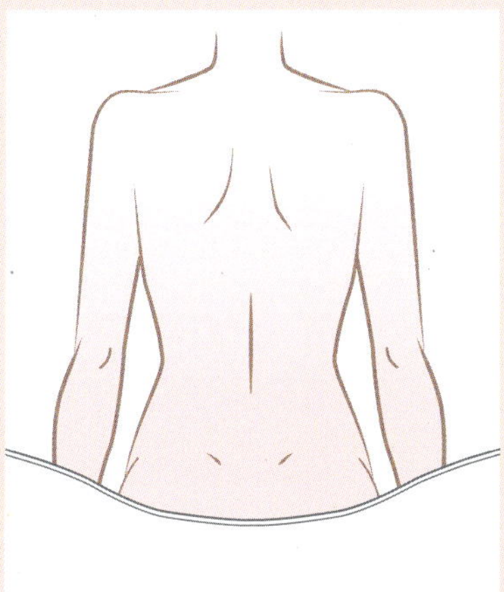

베드 정리
대타월을 베드에 깔고 모델을 눕게 한 후, 대타월과 중타월 또는 소타월을 이용하여 관리하지 않는 부위를 잘 감싼다.

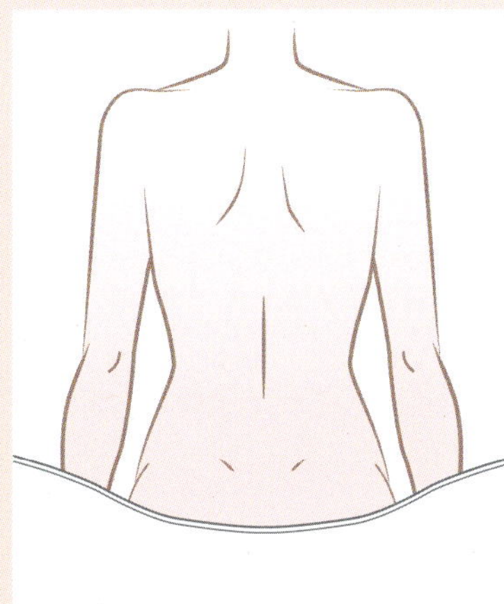

손 소독
손등과 손바닥, 손가락 사이사이까지 소독한다.

도포

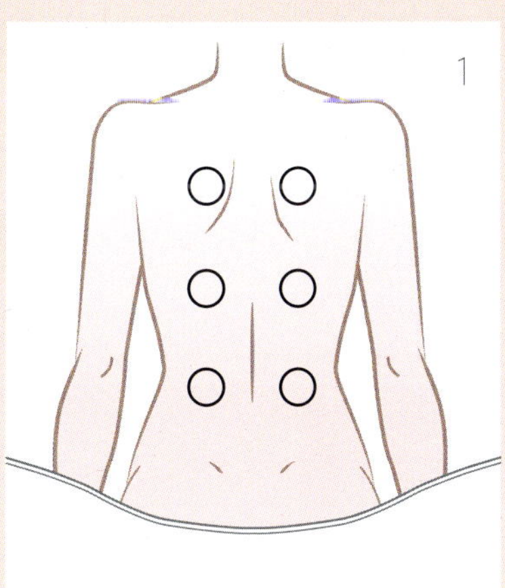

1. 전체 쓸어주기
등 전체를 양손을 이용하여 어깨 부위에서 둔부 중앙 부위까지 부드럽게 도포한다. (1회)

핸드 테크닉

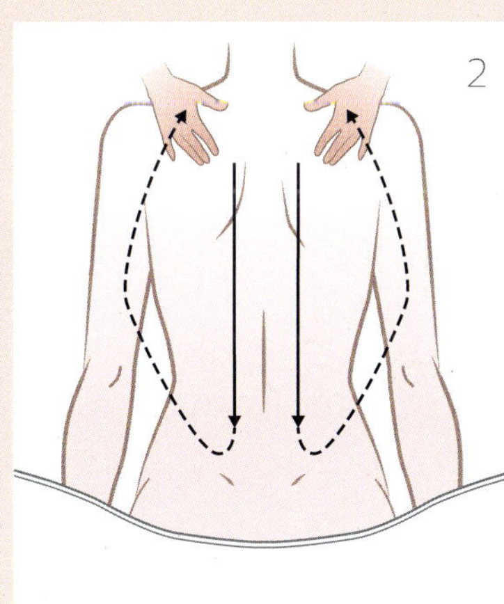

2. 전체 쓸어주기
등 전체를 양손을 이용하여 부드럽게 쓸어준다. (3회)

등 관리

핸드 테크닉

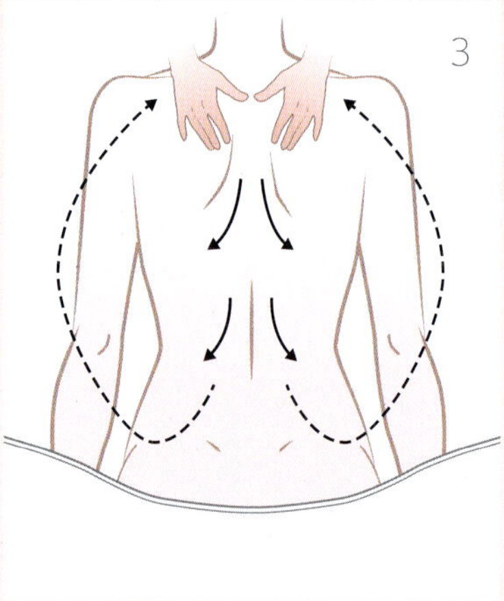

3. 전체 쓸어주기
등 전체를 양손을 교대로, 등 중앙 부위에서 둔부 중간 부위까지 가볍게 쓸어 내려준 후 측면을 타고 가볍게 쓸어 올린다. (3회)

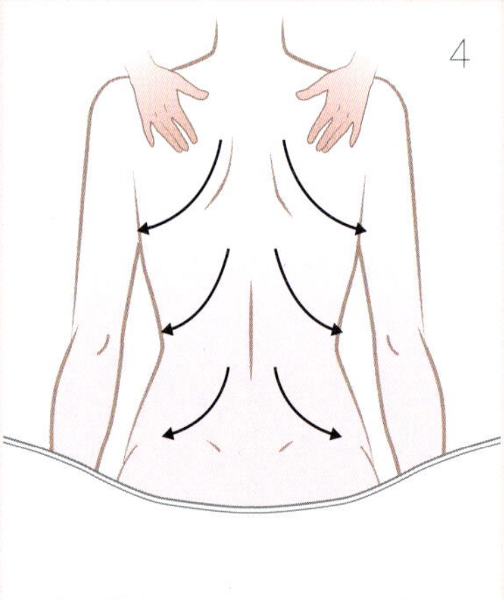

4. 전체 쓸어주기
등 전체를 어깨 부위에서 양 손바닥을 이용하여 위에서 아래로 가볍게 쓸어준다. (3회)

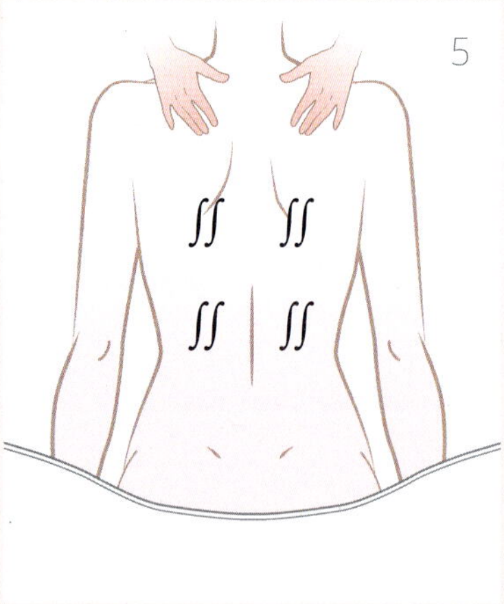

5. 전체 떨어주기
등 전체를 양손을 이용하여 떨어준다. (1회)

뱀부(대나무) 테크닉

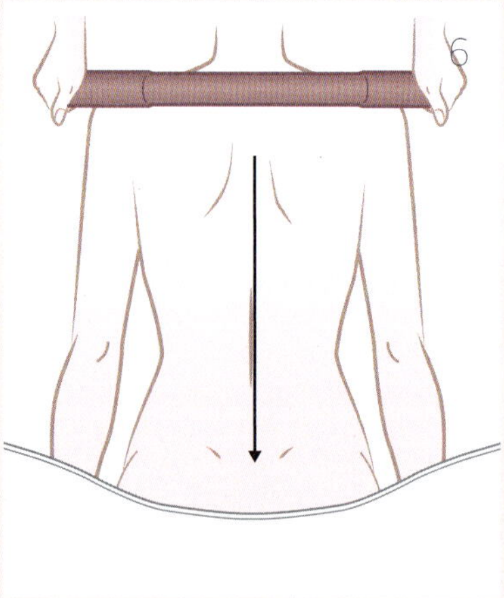

6. 전체 쓸어주기
뱀부(대나무)를 이용하여 등 전체를 위에서 아래로 부드럽게 쓸어준다. (3회)

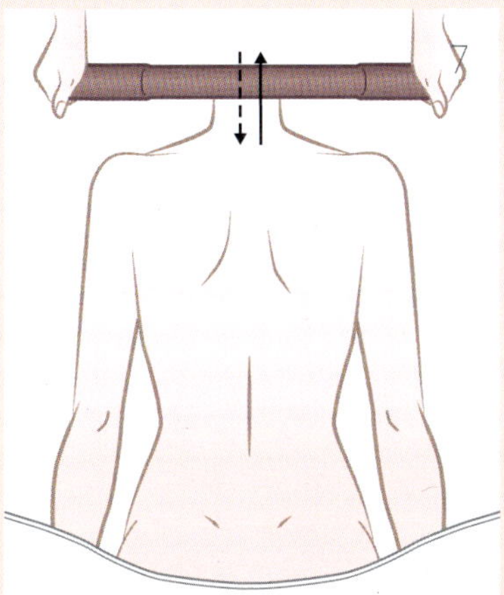

7. 목 밀착하여 쓸어주기

목 부위에 뱀부(대나무)를 가볍게 밀착시켜 쓸어준다. (3회)

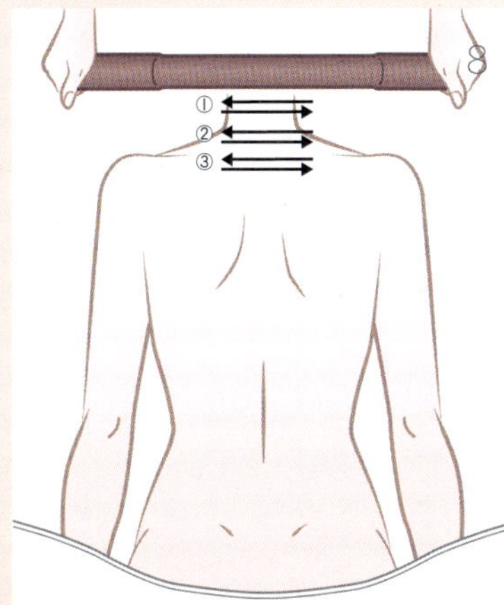

8. 목 부위 쓸어주기

뱀부(대나무)를 이용하여 목 부위를 ①, ②, ③ 순서로 가볍게 옆으로 쓸어준다. (1회)

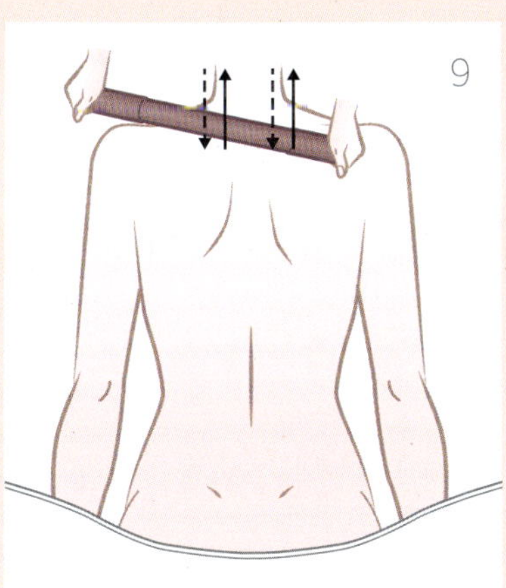

9. 목 옆면 쓸어주기

뱀부(대나무)를 이용하여 목 옆 부위를 가볍게 쓸어준다. (4회) 반대편도 동일하게 실시한다

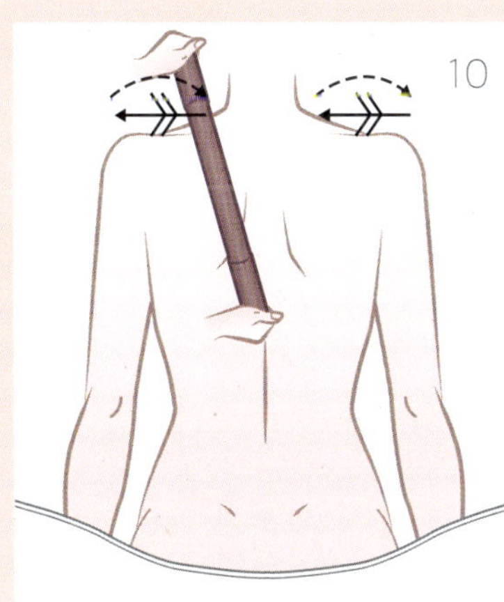

10. 어깨 어루만져 쓸어주기

뱀부(대나무)를 이용하여 한 손으로 뱀부(대나무)를 지지하고, 다른 한손으로 어깨 부위를 이루만져 쓸어준다. (3회) 반대편도 동일하게 실시한다.

등 관리

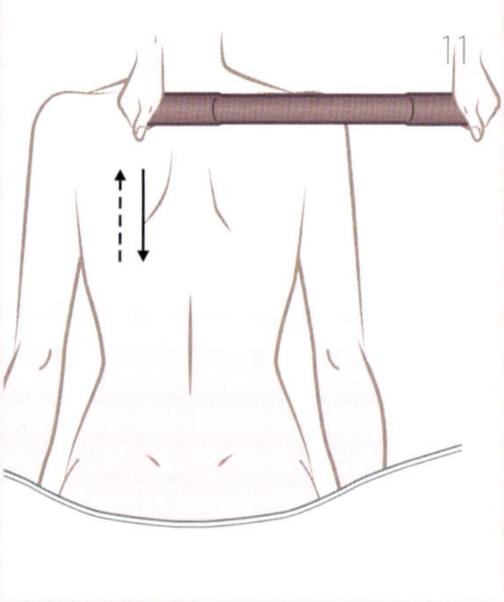

11. 날개뼈 일자로 쓸어주기
뱀부(대나무)를 이용하여 날개뼈 부위를 가볍게 쓸어준다.(3회) 반대편도 동일하게 실시한다.

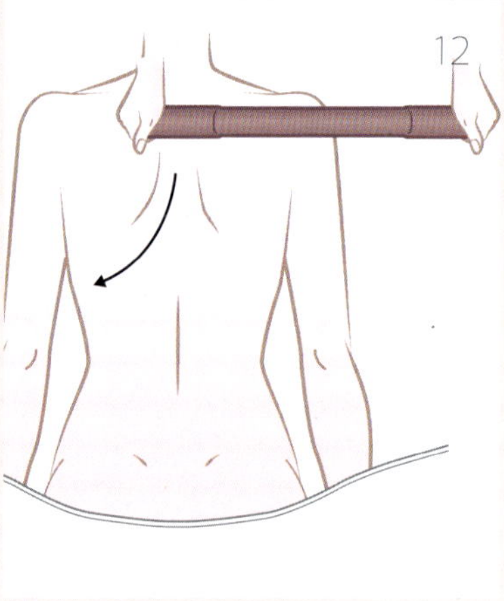

12. 날개뼈 사선으로 쓸어주기
뱀부(대나무)를 이용하여 날개뼈 부위를 가볍게 쓸어준다.(3회) 반대편도 동일하게 실시한다.

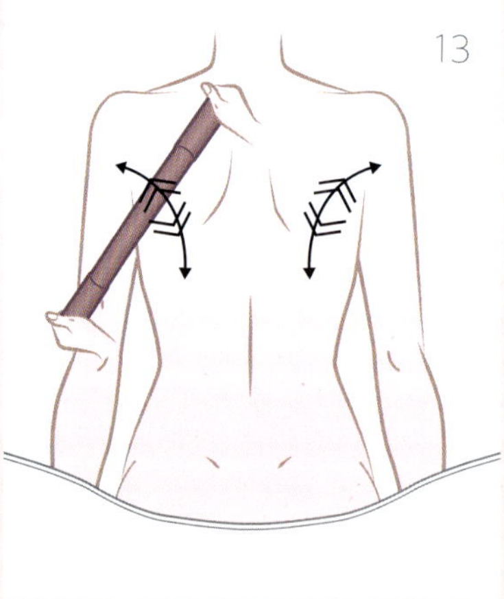

13. 날개뼈 어루만져 쓸어주기
뱀부(대나무)를 이용하여 한 손으로 뱀부(대나무)를 지지하고 다른 한 손으로 날개뼈 안쪽 부위를 가볍게 어루만져 쓸어준다. (3회)
반대편도 동일하게 실시한다.

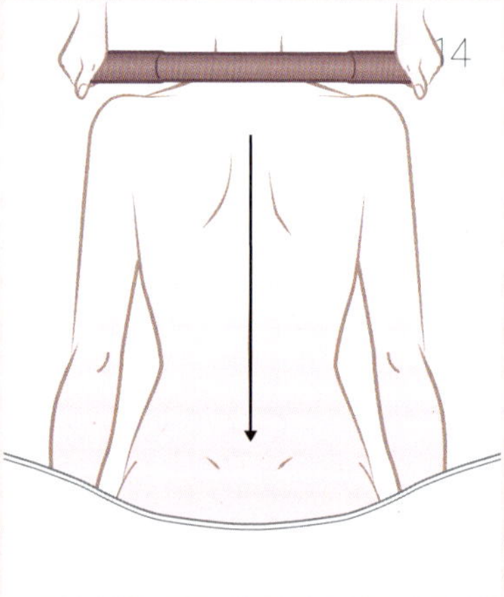

14. 전체 쓸어주기
뱀부(대나무)를 이용하여 등 전체를 부드럽게 쓸어준다. (3회)

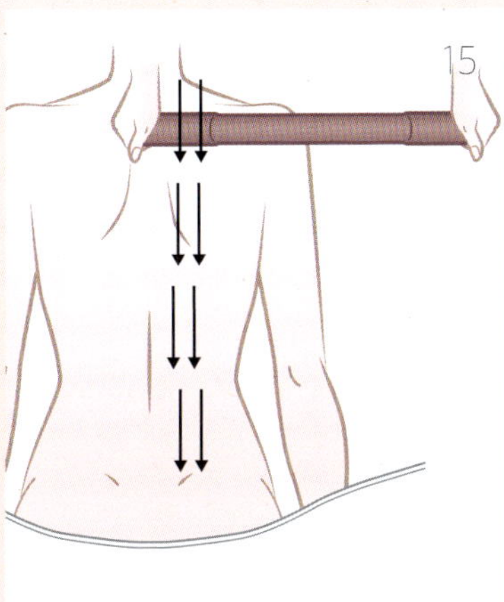

15. 한쪽면 중앙 부위 밀착하여 쓸어주기

한쪽면 중앙 부위에 뱀부(대나무)를 밀착하여 쓸어준다. (3회) 반대쪽도 동일하게 실시한다.

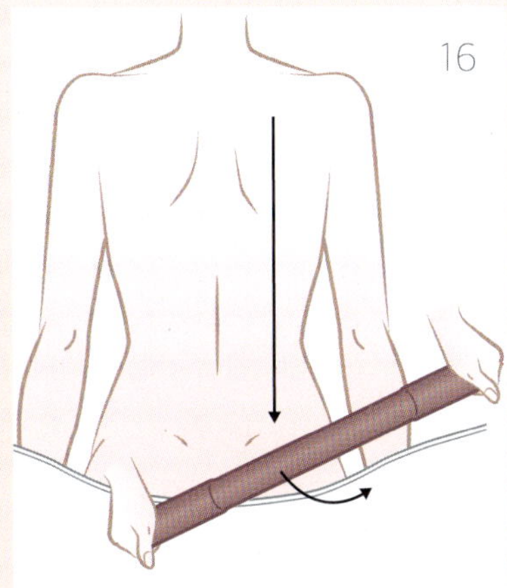

16. 한쪽면 전체 쓸어주기

한쪽면 전체를 뱀부(대나무)를 이용하여 부드럽게 쓸어준 후, 둔부 라인을 가볍게 쓸어준다.(3회) 반대쪽도 동일하게 실시한다.

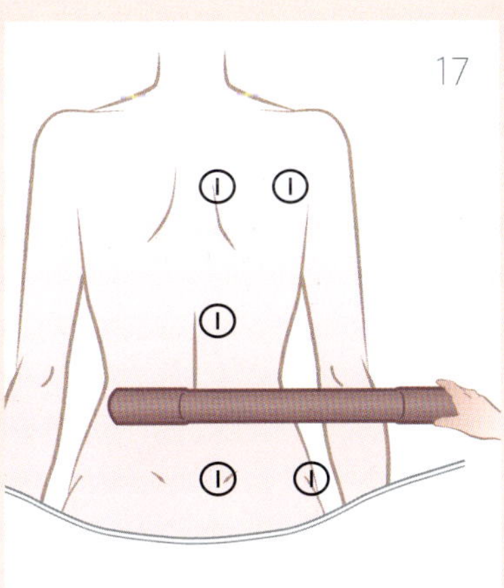

17. 한쪽면 전체 두드리기

한쪽면 전체를 뱀부(대나무)를 이용하여 가볍게 두드린다. (3회) 반대쪽도 동일하게 실시한다.

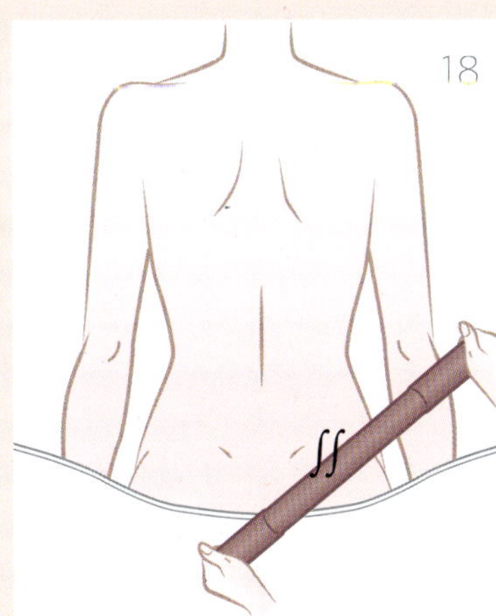

18. 한쪽면 옆면 떨어주기

둔부 부위를 뱀부(대나무)를 이용하여 가볍게 떨이준다. (1회) 빈대쪽도 동일하게 실시한다.

등 관리

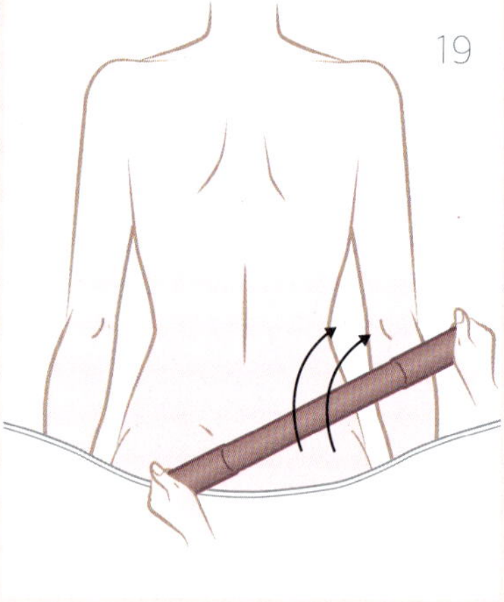

19. 한쪽면 둔부 쓸어주기
둔부 부위를 뱀부(대나무)를 이용하여 허리 라인까지 쓸어준다. (3회)
반대쪽도 동일하게 실시한다.

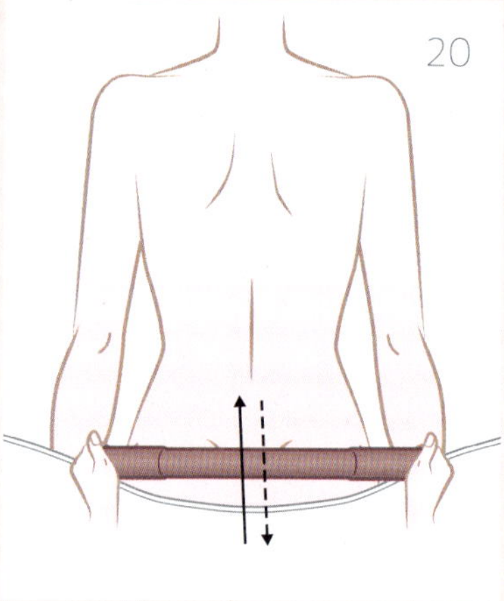

20. 둔부 쓸어주기
둔부 중앙 부위를 뱀부(대나무)를 이용하여 가볍게 쓸어준다. (3회)
반대쪽도 동일하게 실시한다.

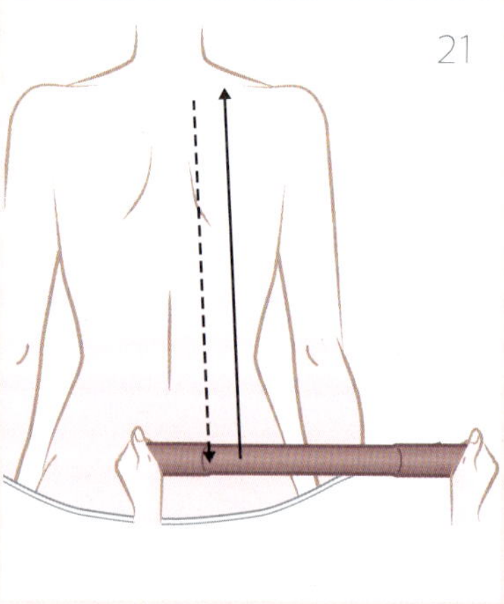

21. 한쪽면 전체 쓸어주기
등 전체를 뱀부(대나무)를 이용하여 둔부 중앙 부위에서 어깨라인까지 가볍게 쓸어준다. (3회)
반대쪽도 동일하게 실시한다.

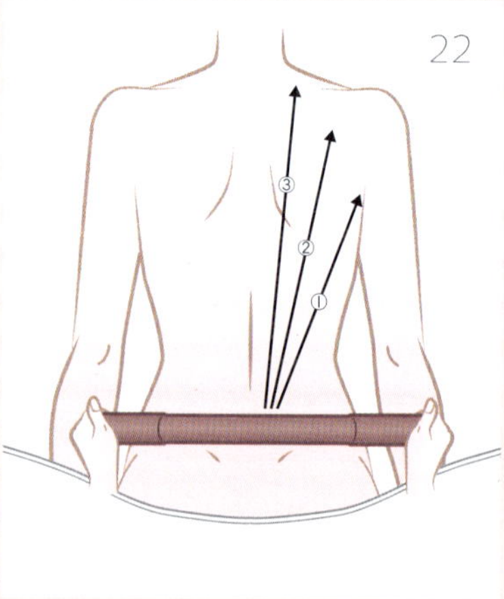

22. 한쪽면 전체 쓸어주기
등 전체를 뱀부(대나무)를 이용하여 둔부에서 어깨 부위까지 ① → ② → ③순으로 쓸어준다. (3회) 반대쪽도 동일하게 실시한다.

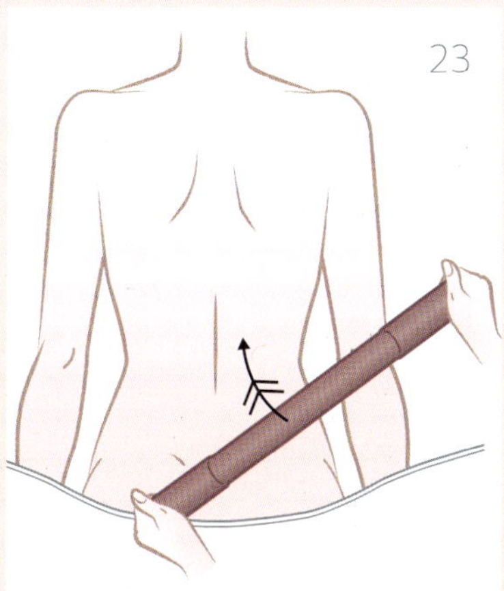

23. 한쪽면 허리 라인 어루만져 쓸어주기
허리 부위를 뱀부(대나무)를 이용하여 위로 어루만져 쓸어준다. (3회)
반대쪽도 동일하게 실시한다.

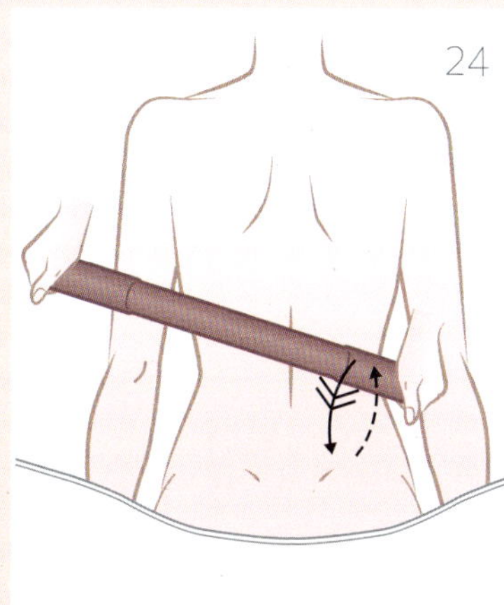

24. 한쪽면 허리 라인 어루만져 쓸어주기
뱀부(대나무)를 이용하여 한 손으로 뱀부(대나무)를 지지하고 다른 한 손으로 허리 부위를 가볍게 어루만져 쓸어준다. (3회)
반대쪽도 동일하게 실시한다.

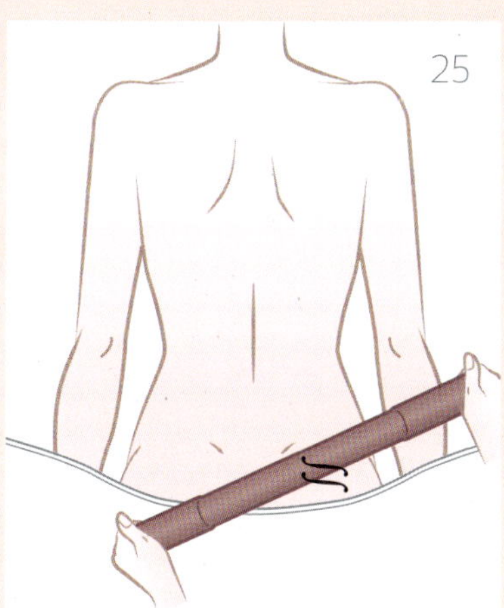

25. 한쪽면 허리라인 떨어주기
허리 부위를 뱀부(대나무)를 이용하여 한 손은 뱀부(대나무)를 고정하고, 다른 한손으로 가볍게 떨어준다. (3회) 반대쪽도 동일하게 실시한다.

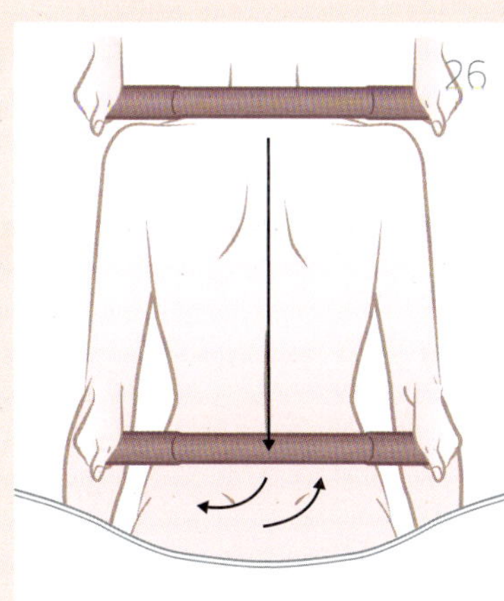

26. 전체 쓸어주기
뱀부(대나무)를 이용하여 등 전체를 가볍게 쓸어준 후, 둔부 중앙 부위를 쓸이준다. (4회)

등 관리

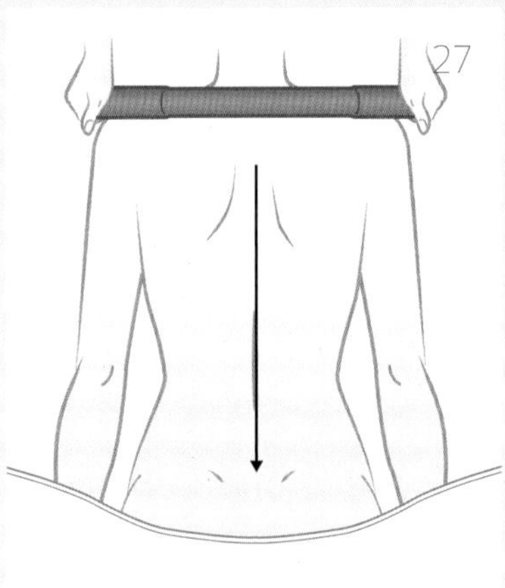

27. 전체 쓸어주기
뱀부(대나무)를 이용하여 가볍게 쓸어준다. (4회)

핸드 테크닉

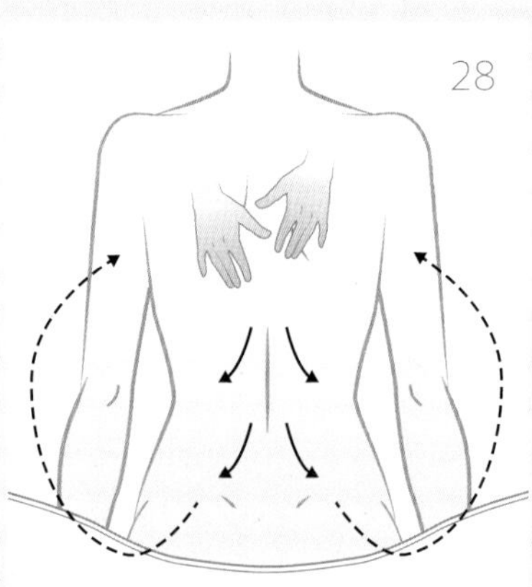

28. 전체 쓸어주기
양 을 교대로, 등 중앙 부위에서 둔부 중간 부위까지 가볍게 쓸어 내려준 후 측면을 타고 가볍게 쓸어 올린다. (1회)

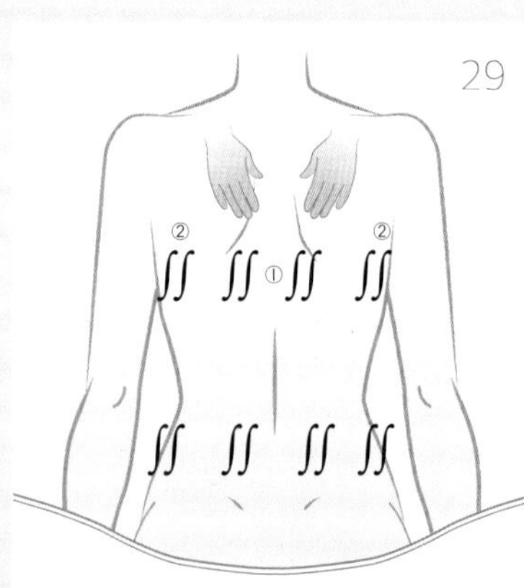

29. 전체 떨어주기
양손을 이용하여, 등 중간 부위를 가볍게 떨어준 후(①), 등 측면 부위를 떨어준다(②). (1회)

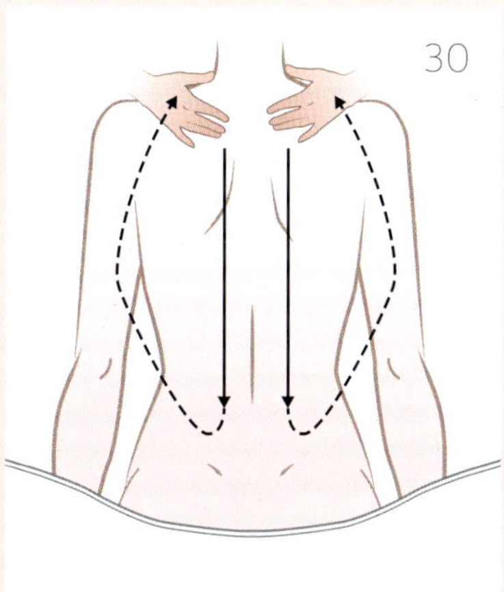

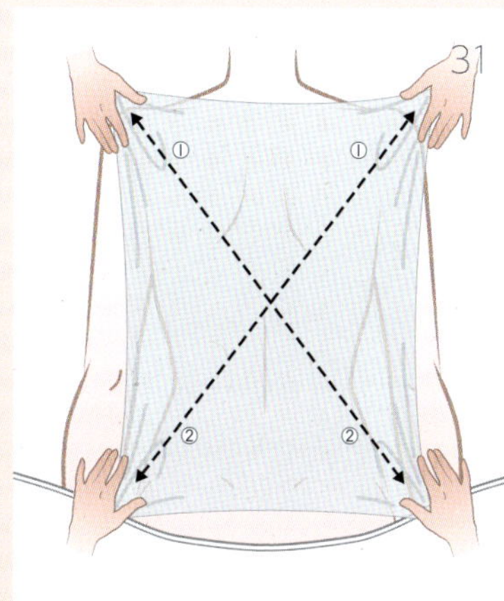

30. 전체 쓸어주기

양손을 이용하여 등 전체를 부드럽게 쓸어준다. (1회)

31. 온습포

등 ①, ②를 스트레칭한 후, 엉덩이 중앙 부위에서 양 엄지와 검지로 온습포를 잡고 등 전체를 닦아 준다. 한 손을 온습포에 끼운 후, 반대 손으로 온습포를 잡고 등 전체를 닦아준다.

다리 관리 - 후면

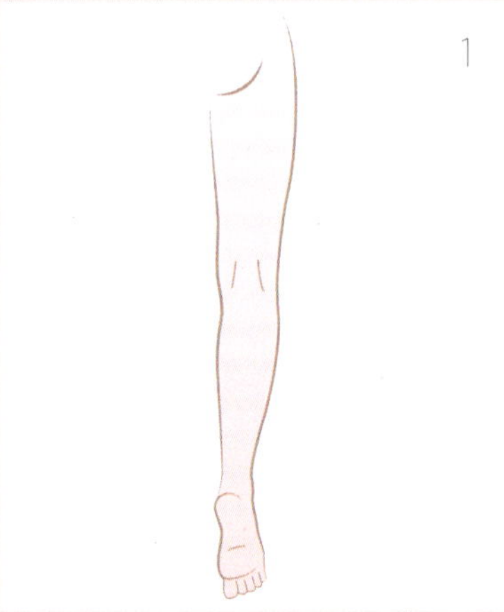

1. 손 소독
손등과 손바닥, 손가락 사이사이까지 소독한다.

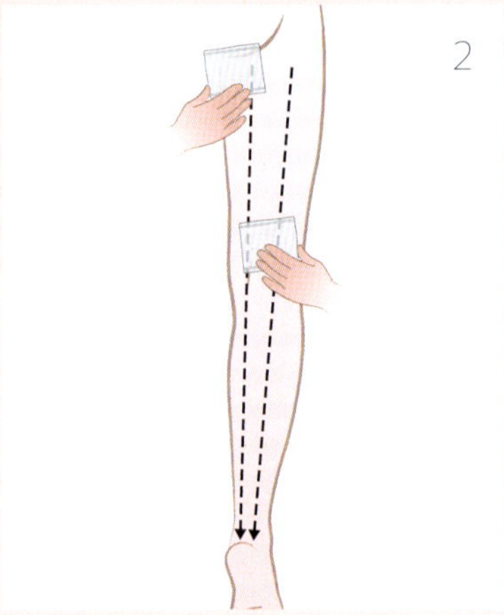

2. 토너로 닦아주기
토너를 화장솜에 묻혀 양손을 이용하여 다리 전체를 닦아준다.

3. 오일 도포
다리 전체에 오일을 부드럽게 도포한다.

핸드 테크닉

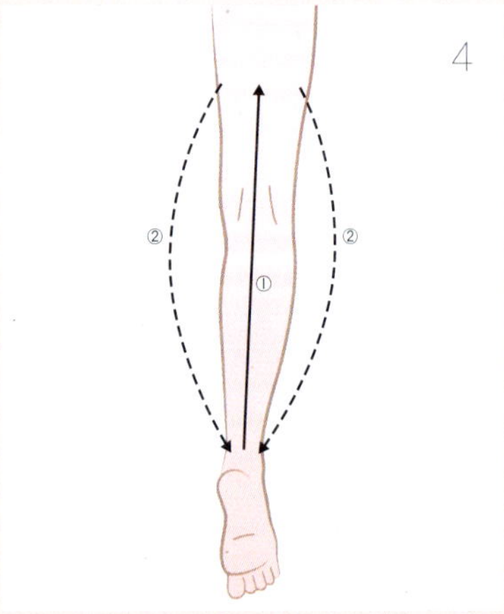

4. 전체 쓸어주기
다리 전체를 양손을 겹쳐 발등에서 윗다리까지 쓸어 준 후(①), 발가락까지 가볍게 쓸어내려 준다(②). (3회)

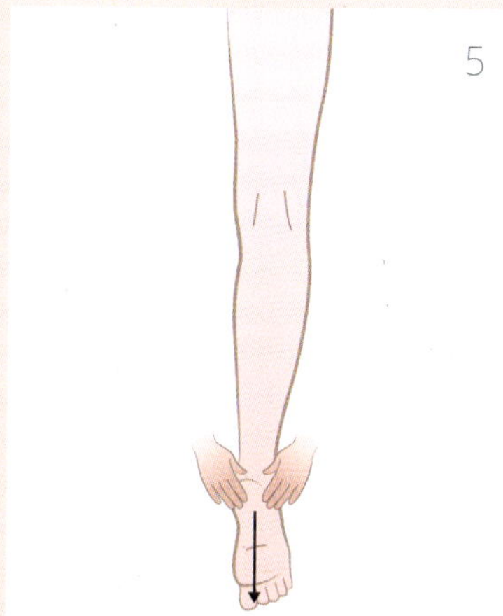

5. 발바닥 쓸어주기
발바닥 부위를 양 손바닥을 이용하여 교대로 쓸어준다. (3회)

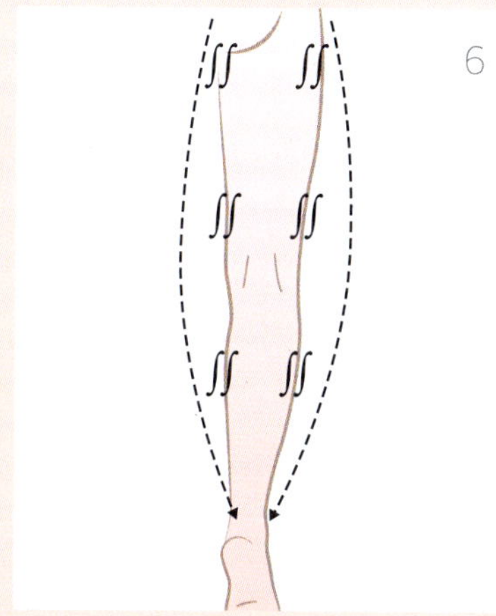

6. 전체 떨어주기
다리 전체를 양손을 이용하여 떨어준다. (3회)

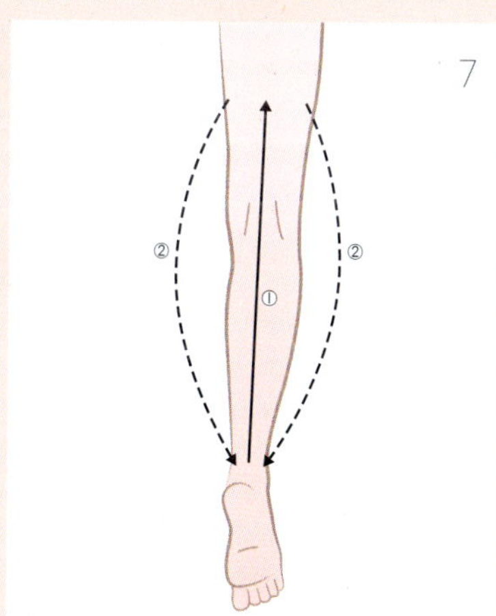

7. 전체 쓸어주기
다리 전체를 양손을 겹쳐 발등에서 윗다리까지 쓸어 준 후(①), 발가락까지 가볍게 쓸어 내려준다(②). (3회)

뱀부(대나무) 테크닉

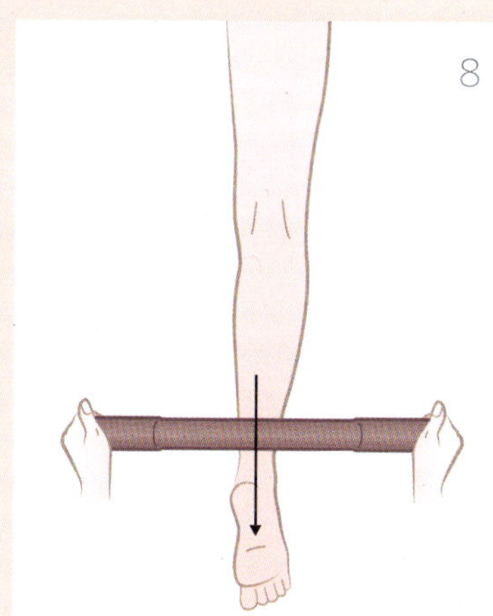

8. 발바닥 쓸어주기
뱀부(대나무)를 이용하여 발바닥 부위를 교대로 쓸어준다. (3회)

다리 관리 - 후면

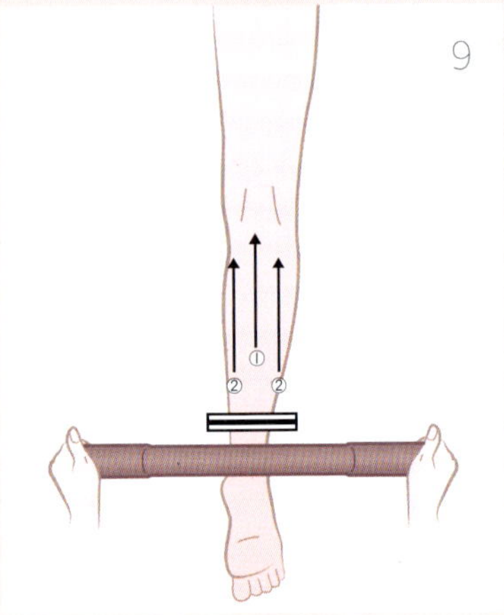

9. 다리 후면 밀착하여 쓸어주기
뱀부(대나무)를 이용하여 아랫다리 부위를 쓸어준다. (3회)

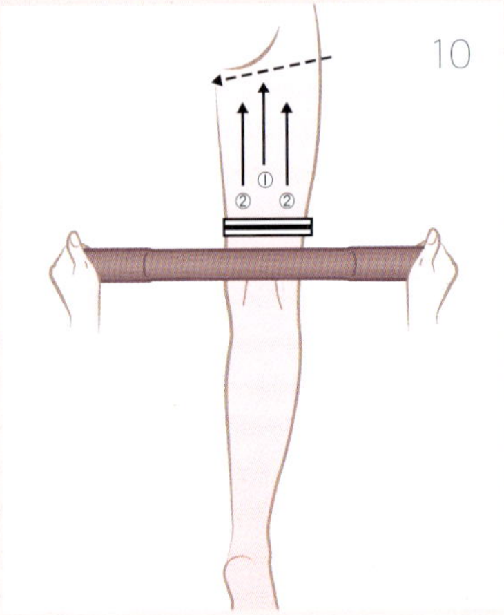

10. 다리 후면 밀착하여 쓸어주기
뱀부(대나무)를 이용하여 윗다리 부위에 밀착하여 쓸어준다. (3회)

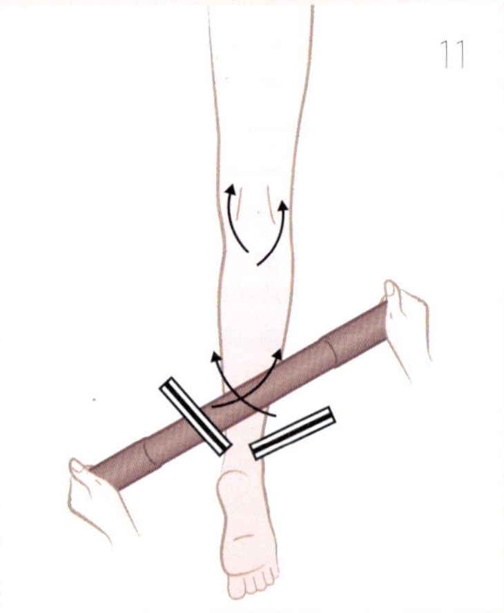

11. 다리 후면 밀착하여 쓸어주기
뱀부(대나무)를 아랫다리 부위 사선으로 누르듯 쓸어준다. (2회)

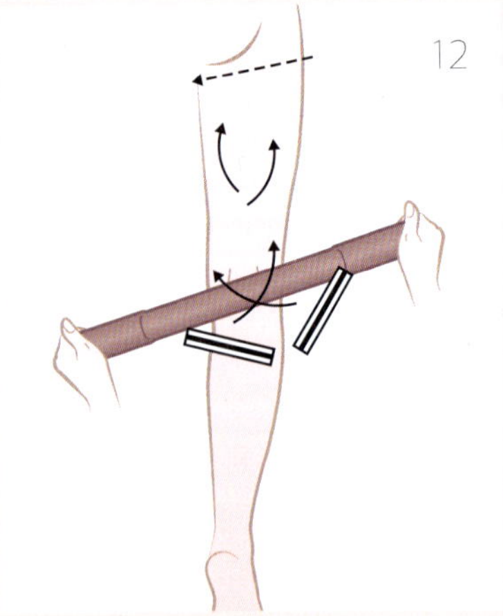

12. 다리 후면 밀착하여 쓸어주기
뱀부(대나무)를 윗다리 부위에 사선으로 밀착하여 쓸어준 후, 서혜부 부위로 쓸어준다. (2회)

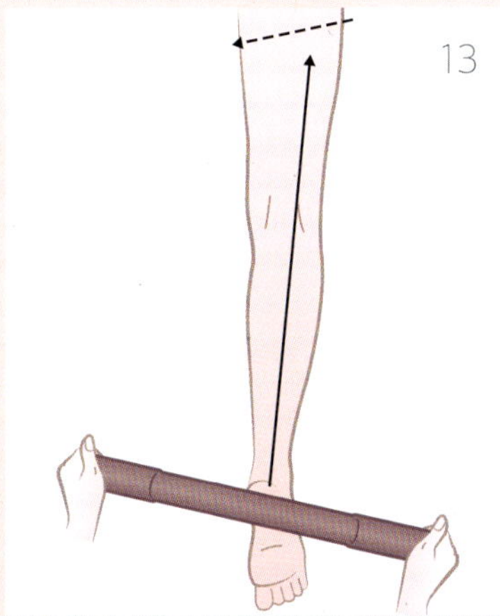

13. 다리 후면 전체 쓸어주기

뱀부(대나무)를 이용하여 발바닥 부위에서 다리 후면 전체를 쓸어준 후, 서혜부 부위로 쓸어준다. (3회)

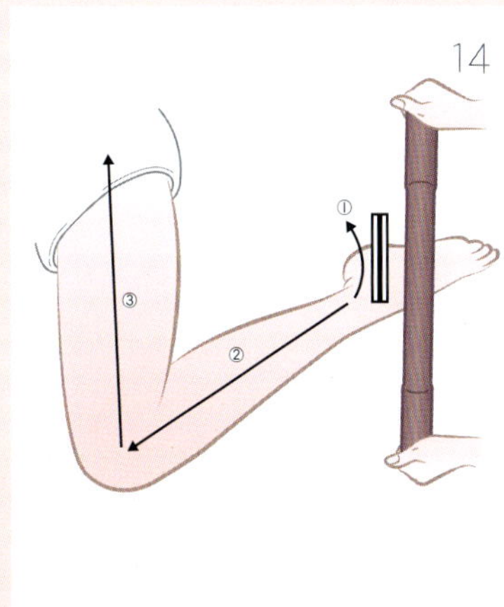

14. 다리 전체 쓸어주기

뱀부(대나무)를 복숭아뼈에 밀착시켜 쓸어 준 후(①), ② → ③의 순으로 쓸어준다. (3회)

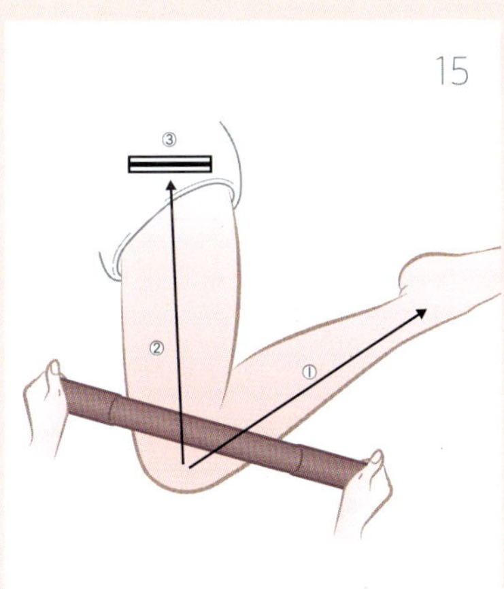

15. 전체 쓸어주기

뱀부(대나무)를 이용하여 아랫다리 부위를 쓸어 준 후(①), 둔부 부위까지 쓸어주고(②), 서혜부에 밀착하여 성시한다(③). (3회)

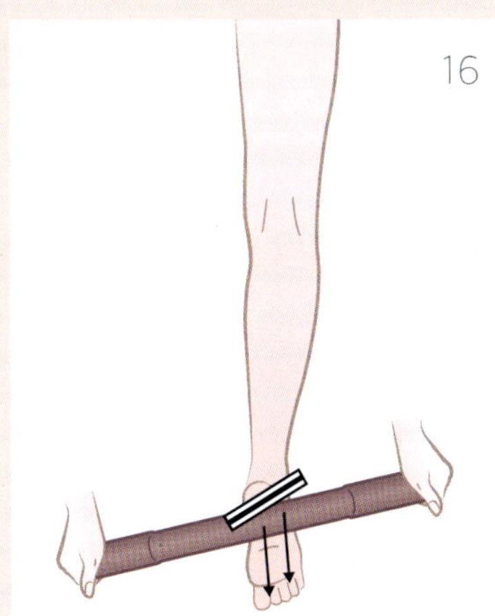

16. 발바닥 밀착하여 쓸어주기

발바닥을 뱀부(대나무)를 이용하여 밀착하여 쓸어준다. (3회)

다리 관리 - 후면

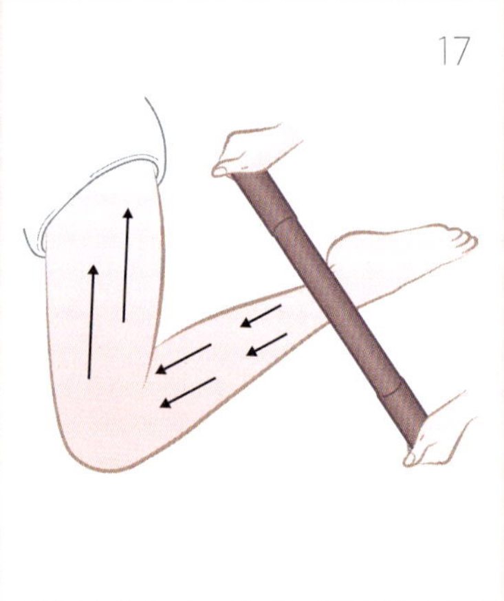

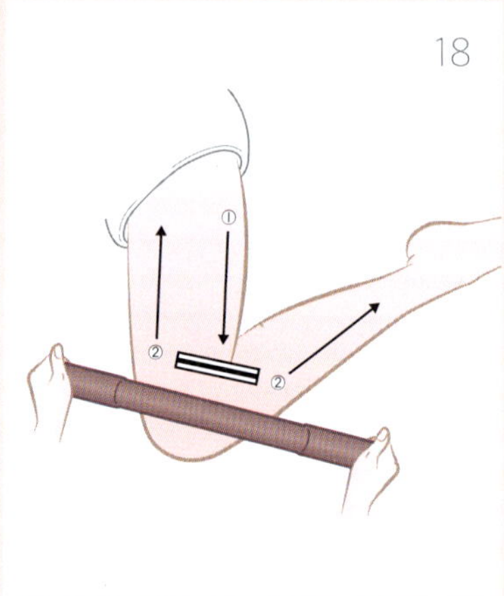

17. 다리 외측 전체 쓸어주기
다리 전체 부위를 뱀부(대나무)를 이용하여 둔부 부위까지 쓸어 올려 준다. (3회)

18. 무릎 밀착하여 쓸어주기
뱀부(대나무)를 오금 부위에 밀착시켜 좌우로 굴려 쓸어준 후(①), 위아래로 굴리듯 쓸어준다(②). (3회)

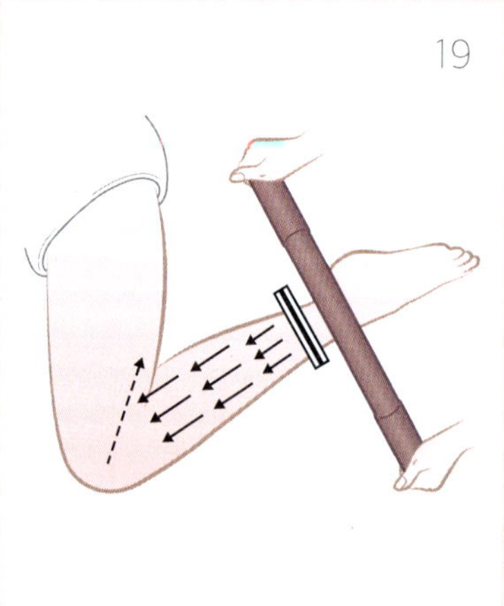

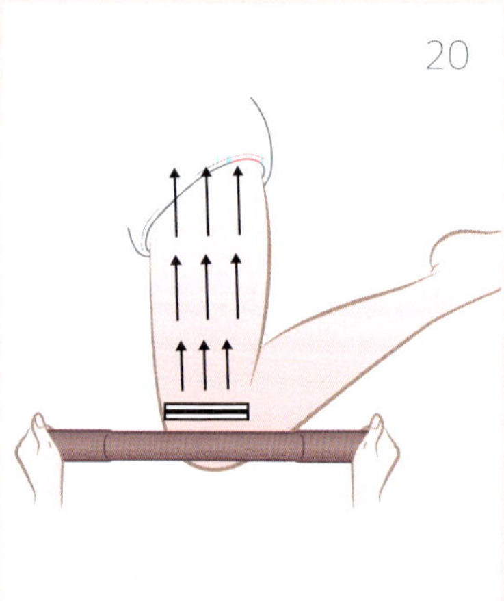

19. 아랫다리 외측 밀착하여 쓸어주기
뱀부(대나무)를 아랫다리 부위에 가볍게 밀착하여 쓸어 올려 준다. (3회)

20. 윗다리 외측 밀착하여 쓸어주기
뱀부(대나무)를 윗다리 부위에 가볍게 밀착하여 둔부 부위까지 쓸어 올려 준다. (3회)

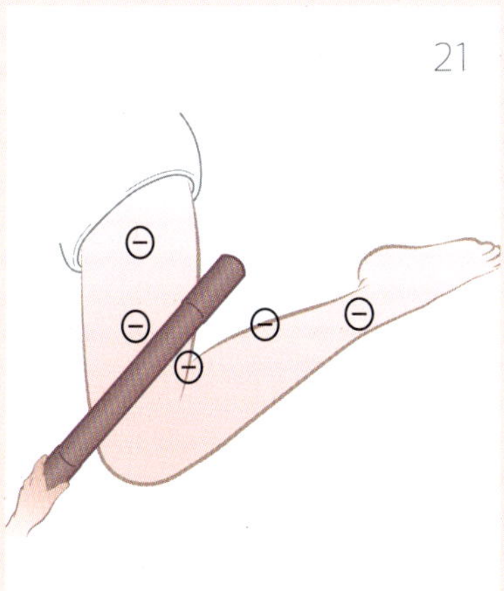

21. 다리 외측 두드리기
다리 전체 부위를 뱀부(대나무)를 이용하여 두드린다. (3회)

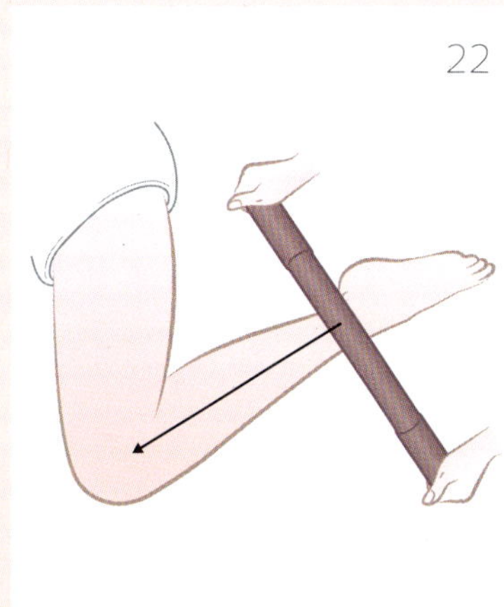

22. 아랫다리 외측 쓸어주기
아랫다리 부위를 뱀부(대나무)를 이용하여 무릎 안쪽까지 쓸어준다. (3회)

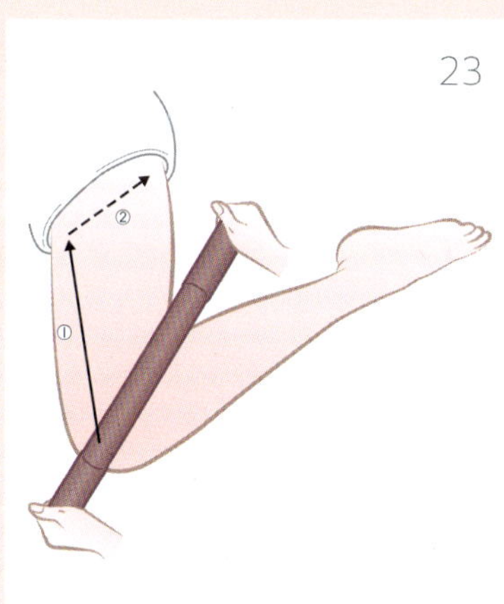

23. 윗다리 외측 쓸어주기
윗다리 부위를 뱀부(대나무)를 이용하여 무릎 안쪽까지 쓸어준 후(①), 서혜부 부위로 쓸어준다(②). (3회)

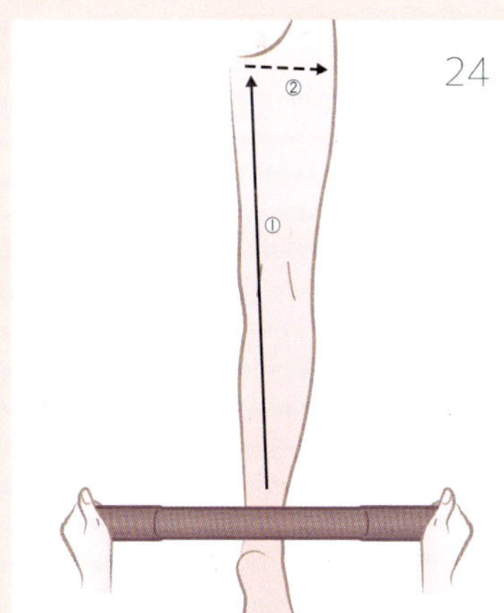

24. 다리 후면 전체 쓸어주기
발바닥 부위에서 뱀부(대나무)를 이용하여 다리 후면 전체를 쓸어준 후(①), 서혜부 부위로 쓸어준다(②). (3회)

다리 관리 - 후면

핸드 테크닉

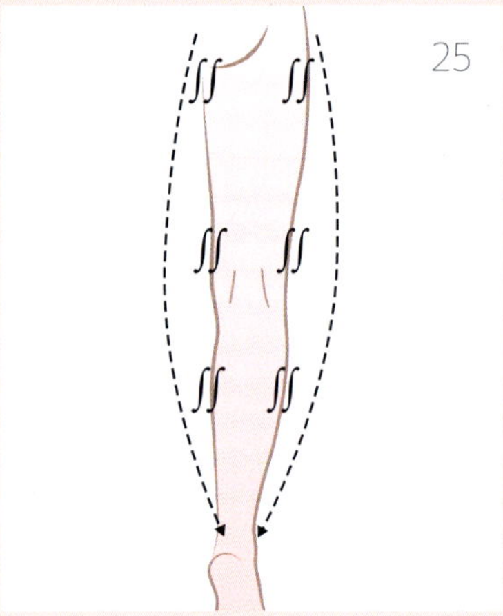

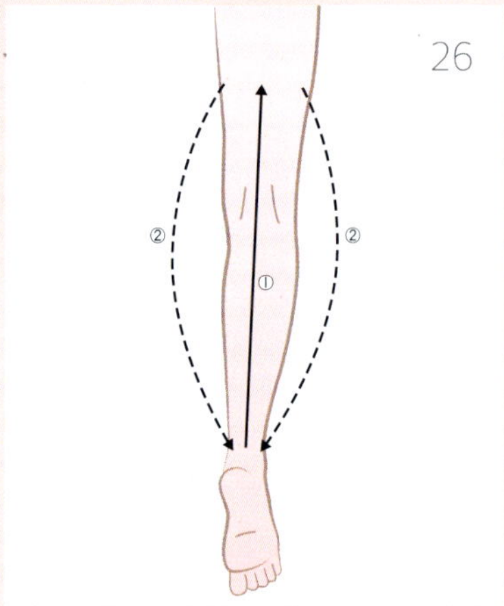

25. 전체 떨어주기
다리 전체를 양손을 이용하여 떨어준다. (3회)

26. 전체 쓸어주기
다리 전체를 양손을 겹쳐 발등에서 윗다리까지 쓸어 준 후(①), 발가락까지 가볍게 쓸어 내려준다(②). (1회)

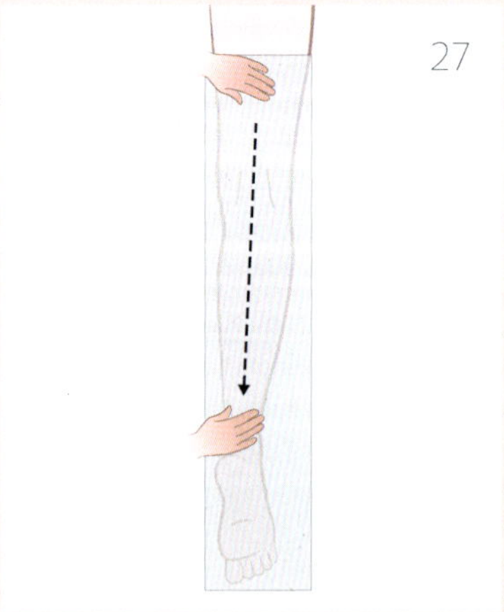

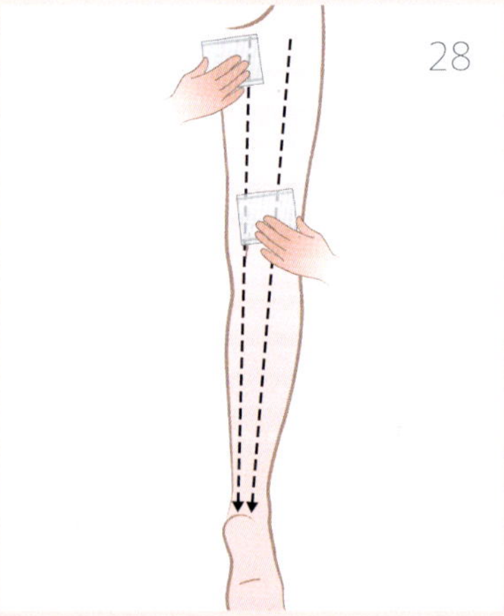

27. 온습포
다리 전체를 스트레칭한 후, 윗다리에서 양 엄지와 검지로 온습포를 잡고 발가락까지 닦아준다. 한 손을 온습포에 끼운 후, 반대 손으로 온습포를 잡고 다리 전체를 닦아준다.

28. 마무리
토너를 화장솜에 묻혀 양손을 이용하여 다리 전체를 닦아준다.

다리 관리 - 전면

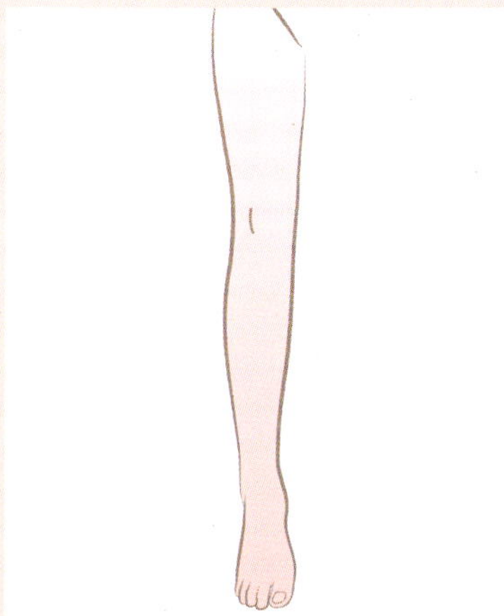

베드 정리

대타월을 베드에 깔고 모델을 눕게 한 후, 접은 부위를 소타월로 감싸 오른쪽 다리 전체가 보이도록 정리한다. 소타월 1장을 오른 다리 밑에 깔아 둔다. 중타월을 이용하여 왼쪽 다리를 감싼다.

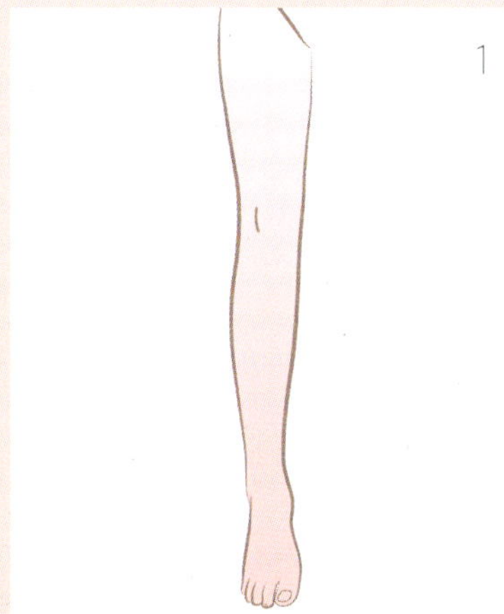

1. 손 소독

손등과 손바닥, 손가락 사이사이까지 소독한다.

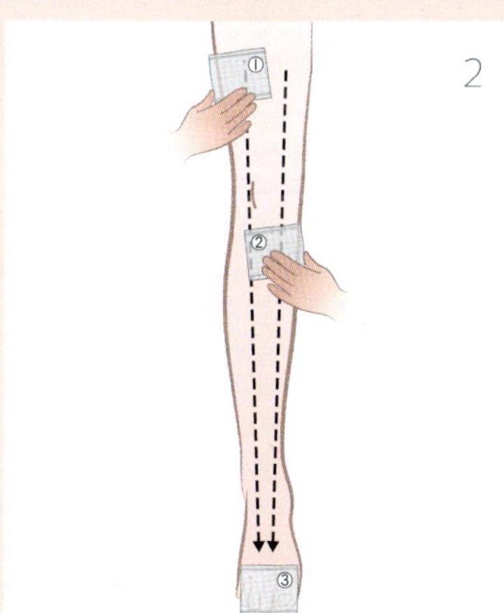

2. 토너로 닦아주기

토너를 화장솜에 묻혀 양손을 이용하여 다리 전체를 닦아준다.

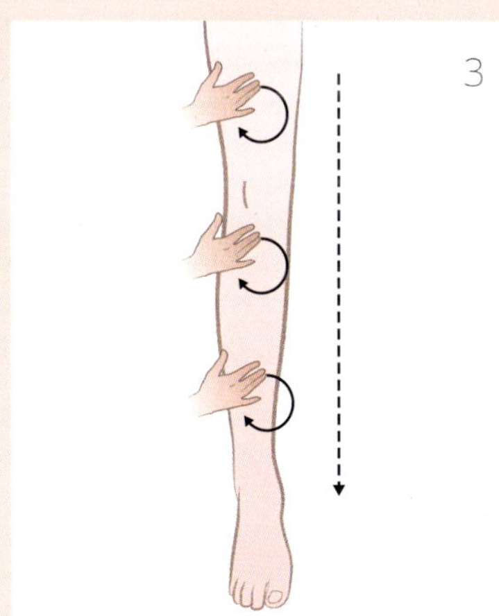

3. 오일 도포

다리 전체에 오일을 부드럽게 도포한다.

다리 관리 - 전면

핸드 테크닉

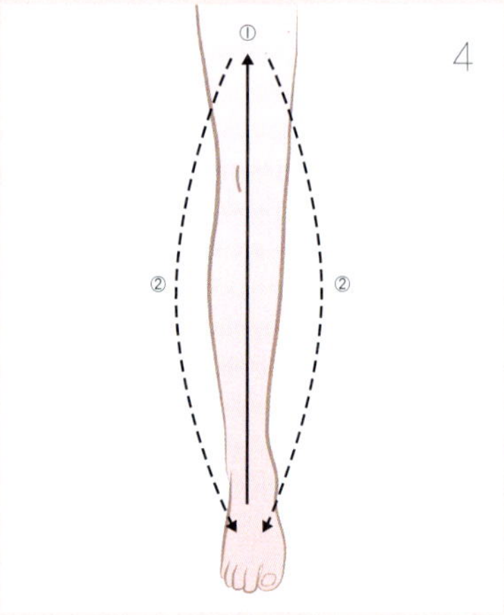

4. 전체 쓸어주기
양손을 겹쳐 발등에서 윗다리까지 쓸어 준 후 (①), 발가락까지 가볍게 쓸어내려 준다(②). (3회)

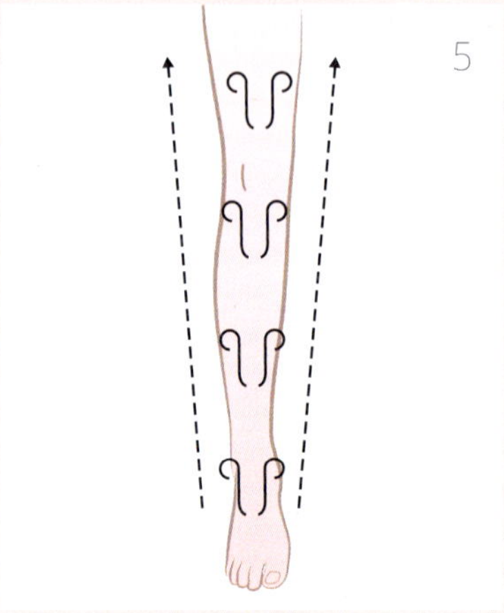

5. 전체 쓸어주기
발등 부위에서 양 손바닥을 이용하여 윗다리까지 가볍게 바깥쪽으로 쓸어 올려 준다. (3회)

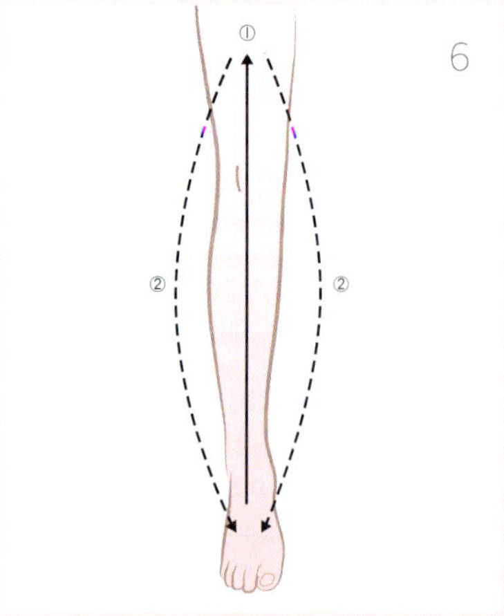

6. 전체 쓸어주기
양손을 겹쳐 발등에서 윗다리까지 쓸어 준 후 (①), 발가락까지 가볍게 쓸어내려 준다(②). (3회)

뱀부(대나무) 테크닉

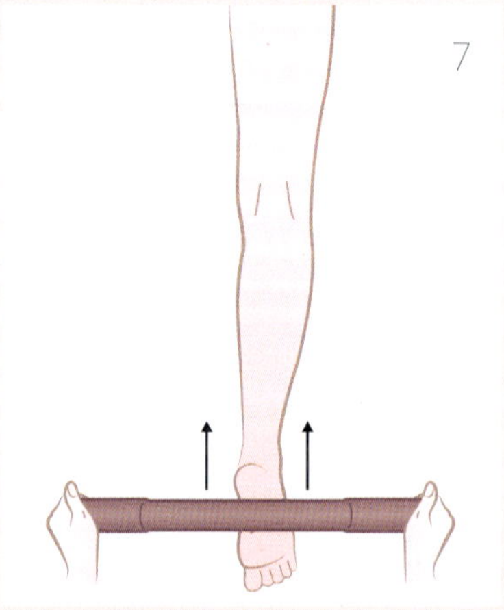

7. 발바닥 쓸어주기
뱀부(대나무)를 이용하여 발바닥 전체를 쓸어준다. (3회)

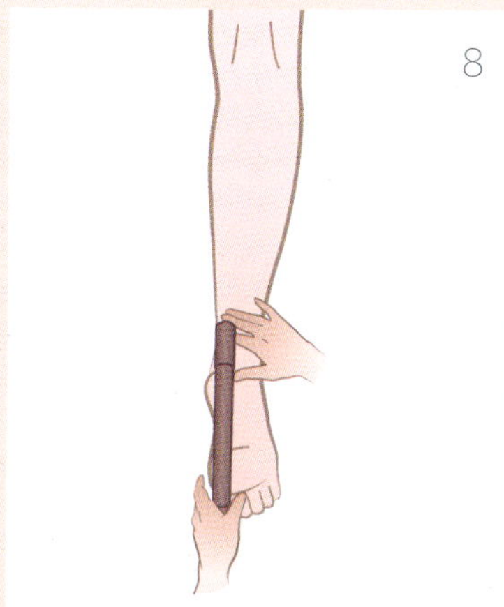

8. 발꿈치 밀착하여 쓸어주기

한손은 발목을 고정하고 다른 한 손으로 뱀부(대나무)를 발꿈치에 밀착시켜 눌러준다. (1회)

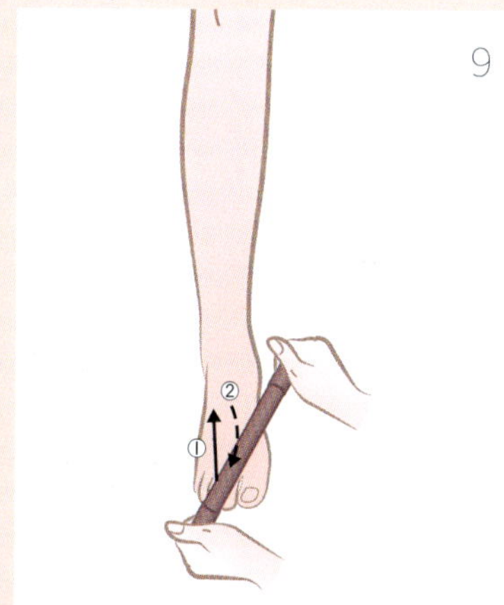

9. 발가락 사이 밀착하여 쓸어주기

발가락 사이에 뱀부(대나무)를 밀착하여 누르듯 쓸어 올린 후(①), 가볍게 쓸어내린다(②). (3회)

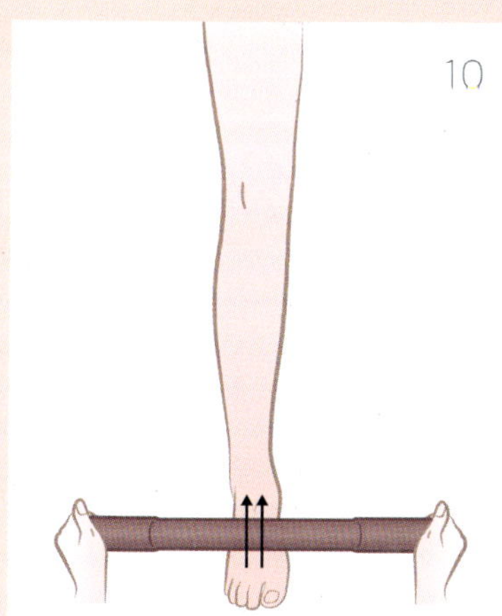

10. 발등 쓸어주기

뱀부(대나무)를 이용하여 발등을 가볍게 쓸어준다. (3회)

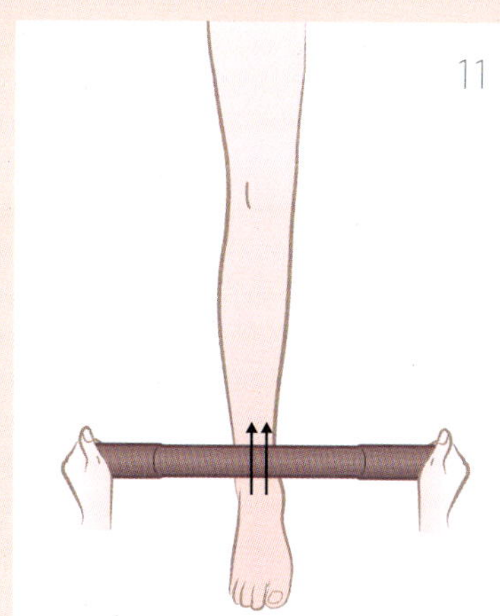

11. 발목 쓸어주기

뱀부(대나무)를 이용하여 발목을 쓸어준다. (3회)

다리 관리 - 전면

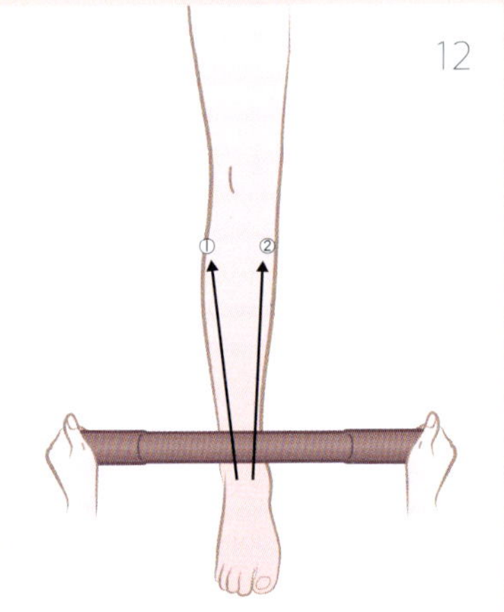

12. 아랫다리 쓸어주기
발목 부위에서 뱀부(대나무)를 이용하여 아랫다리 옆면을 무릎까지 가볍게 쓸어준다(①, ②). (1회)

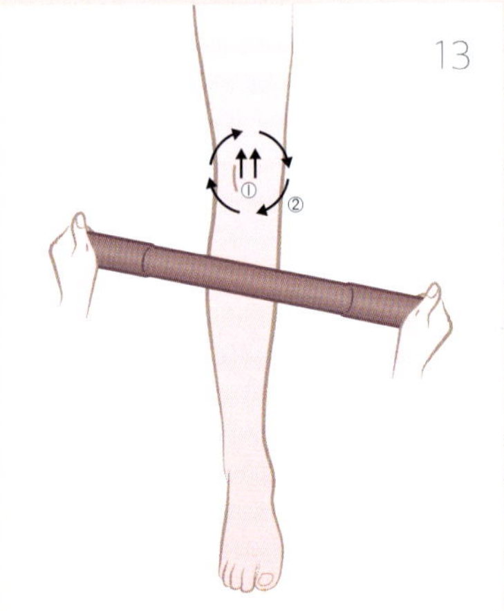

13. 무릎 쓸어주기
뱀부(대나무)를 이용하여 무릎 부위를 가볍게 누르듯 쓸어준다(①, ②).(3회)

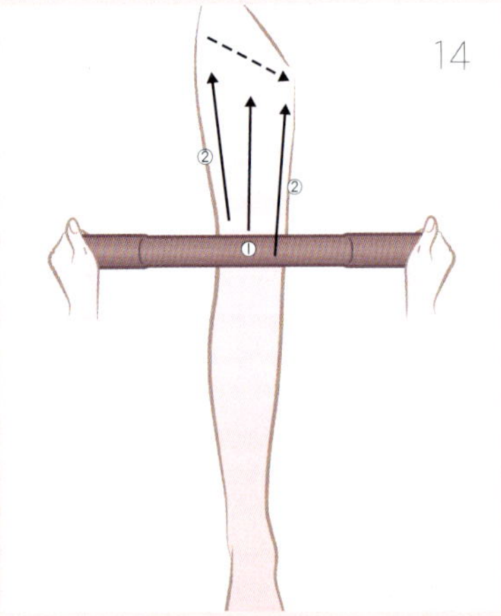

14. 윗다리 쓸어주기
무릎 부위에서 뱀부(대나무)를 이용하여 윗다리까지 쓸어준 후, 서혜부 부위로 쓸어준다. (1회)

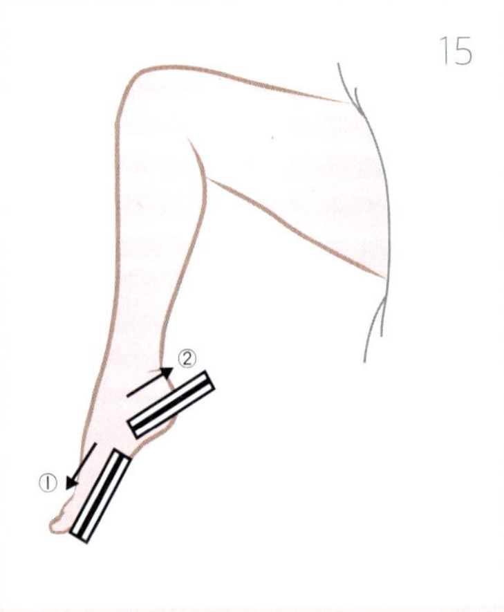

15. 복숭아뼈 내측 밀착하여 쓸어주기
복숭아뼈 내측 부위에 뱀부(대나무)를 밀착시켜 누르듯 쓸어준다(①, ②). (3회)

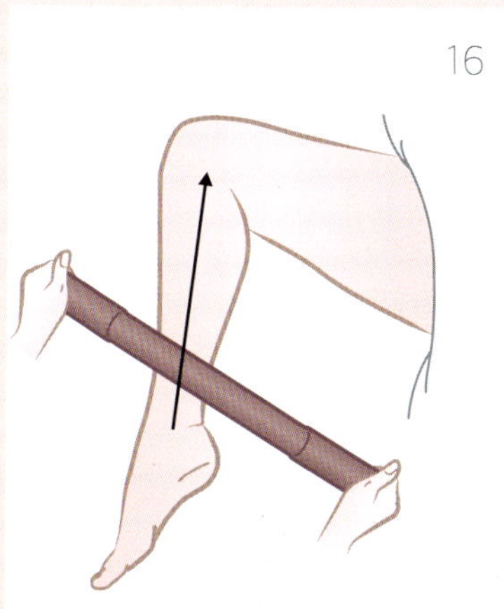

16. 아랫다리 내측 쓸어주기
아랫다리 내측 부위를 뱀부(대나무)를 이용하여 무릎까지 쓸어준다. (3회)

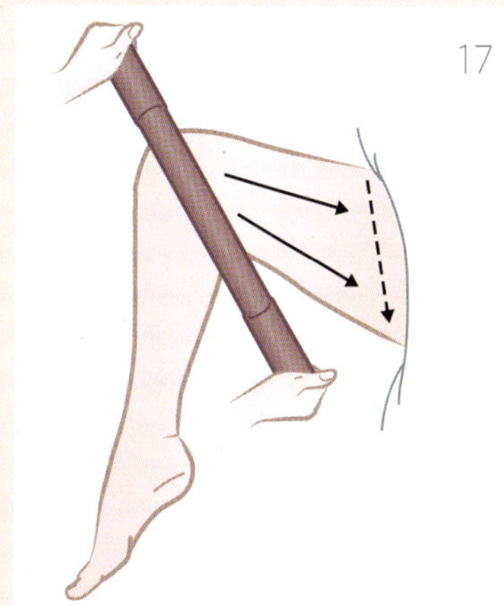

17. 윗다리 내측 쓸어주기
윗다리 내측 부위를 뱀부(대나무)를 이용하여 쓸어준 후, 서혜부 부위로 쓸어준다. (3회)

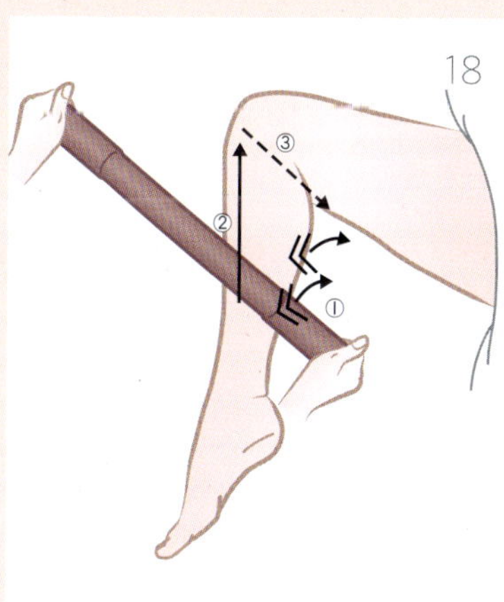

18. 아랫다리 내측 어루만져 쓸어주기
아랫다리 내측을 한 손으로 뱀부(대나무)를 지지하고 다른 한 손을 이용하여 무릎까지 어루만져 준다(①). 정강이 부분을 가볍게 쓸어준 후(②), 오금 부위로 쓸어준다(③). (3회)

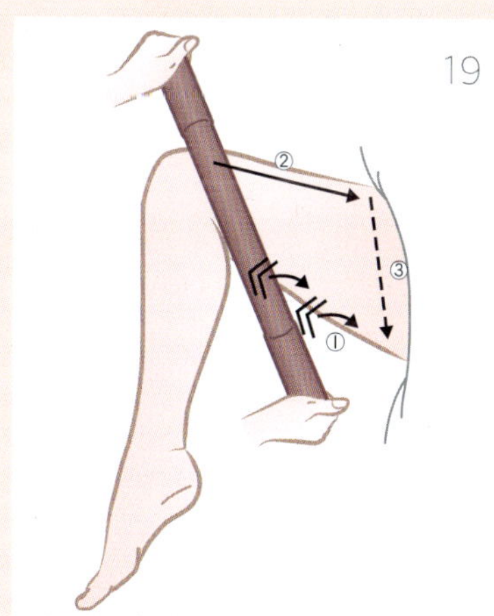

19. 윗다리 내측 어루만져 쓸어주기
윗다리 내측을 한 손으로는 뱀부(대나무)를 지지하고 다른 한 손으로 윗다리 내측을 어루만져 준다(①). 윗다리 내측 윗부분을 가볍게 쓸어준 후(②), 서혜부 부위로 쓸어준다(③). (3회)

다리 관리 - 전면

핸드 테크닉

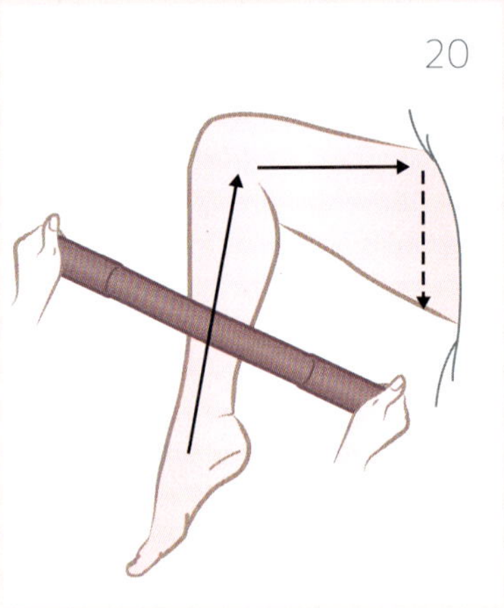

20. 전체 쓸어주기

뱀부(대나무)를 이용하여 다리 전체를 쓸어준 후, 서혜부 부위로 쓸어준다. (3회)

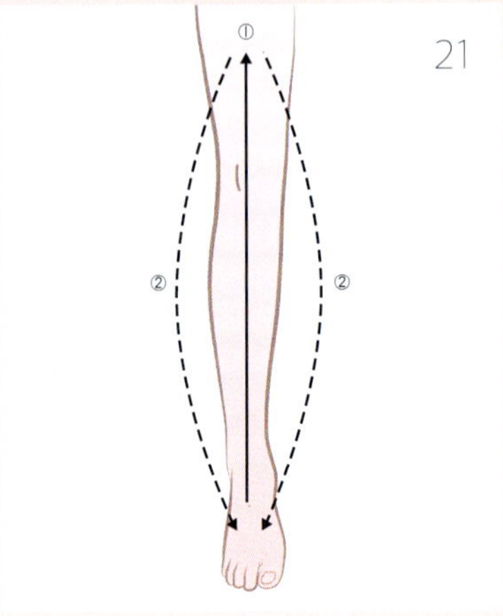

21. 전체 쓸어주기

다리 전체를 양손을 겹쳐 발등에서 윗다리까지 쓸어 준 후(①), 발가락까지 가볍게 쓸어내려 준다(②). (3회)

22. 온습포

다리 전체를 스트레칭한 후, 윗다리에서 양 엄지와 검지로 온습포를 잡고 발가락까지 닦아준다. 한 손을 온습포에 끼운 후, 반대 손으로 온습포를 잡고 다리 전체를 닦아준다.

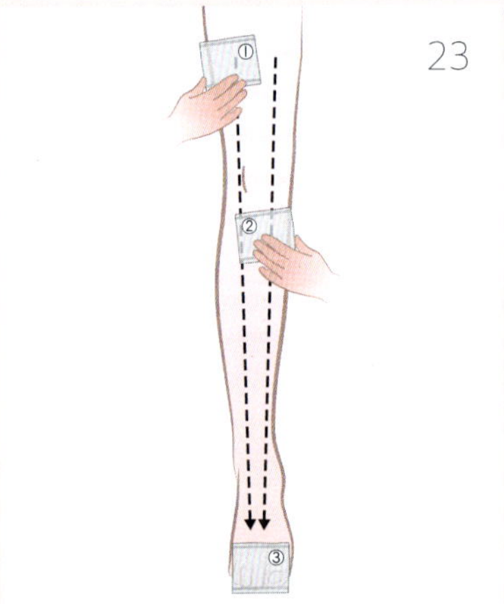

23. 마무리

토너를 화장솜에 묻혀 양손을 이용하여 다리 전체를 닦아준다.

복부 관리

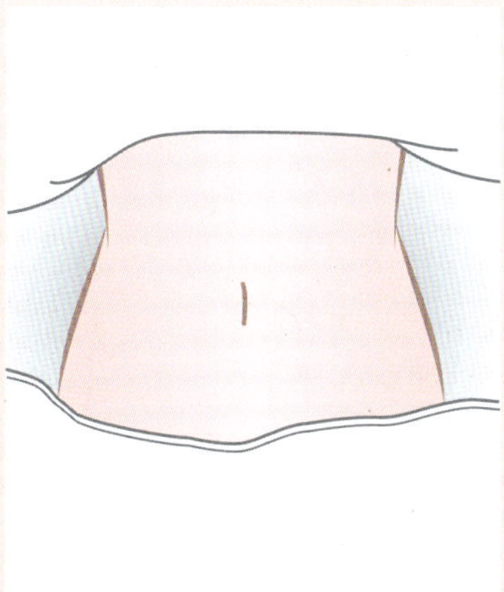

베드 정리

대타월을 베드에 깔고 모델을 눕게 한 후, 대타월과 중타월 또는 소타월을 이용하여 복부 밑을 감싼 후, 소타월 1장을 가슴 부위에 덮는다.

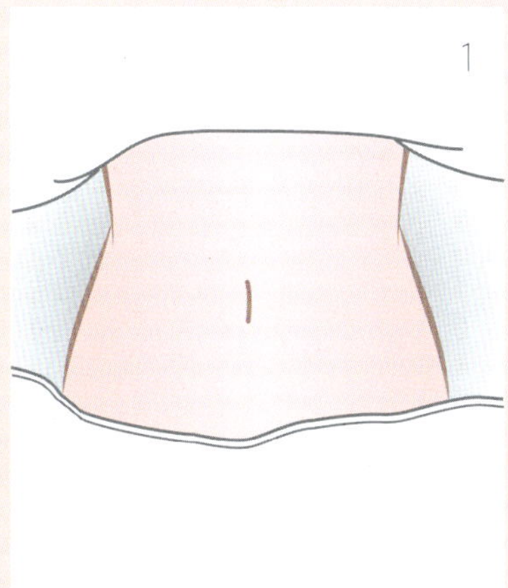

1. 손 소독

손등과 손바닥, 손가락 사이사이까지 소독한다.

핸드 테크닉

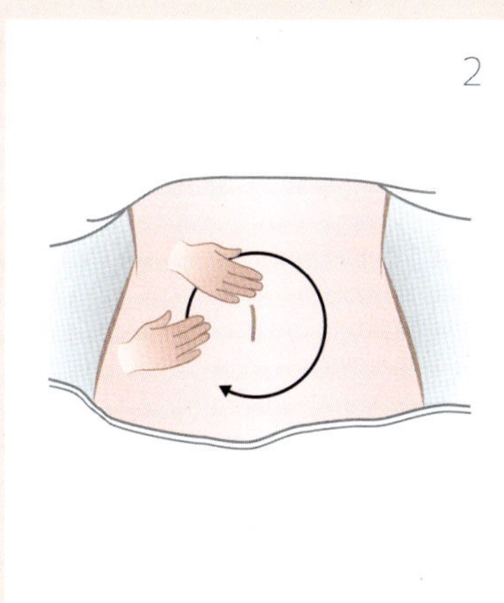

2. 오일 도포

오일을 손에 덜어 두 손을 포갠 후, 복부 전체를 한 손씩 부드럽게 쓸어주듯 도포한다.

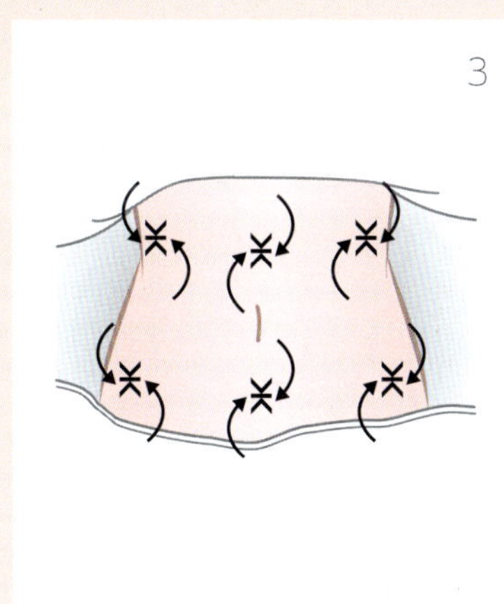

3. 전체 반죽하기

양손을 사용하여 복부 전체를 가볍게 주무른다. (3회)

복부 관리

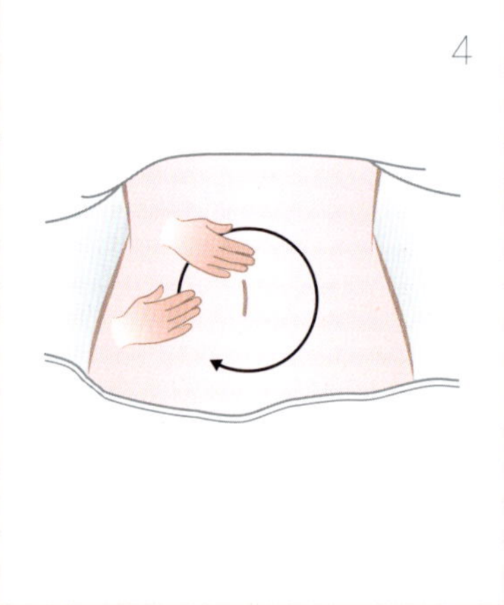

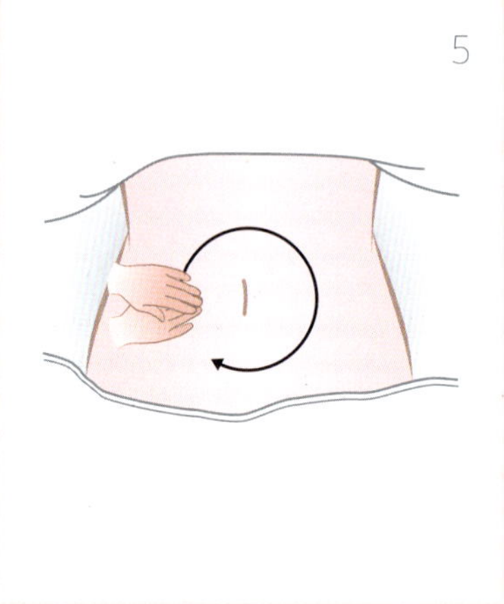

4. 전체 쓸어주기
양손을 이용하여 복부 전체를 시계 방향으로 가볍게 쓸어준다. (1회)

5. 전체 쓸어주기
양손을 겹쳐 복부 전체를 시계 방향으로 가볍게 쓸어준다. (4회)

뱀부(대나무)테크닉

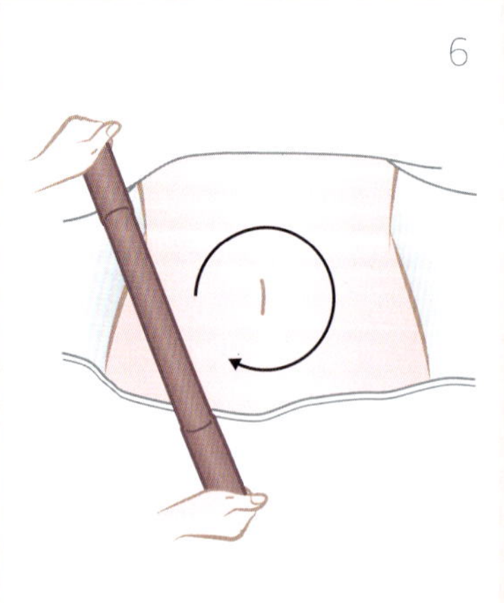

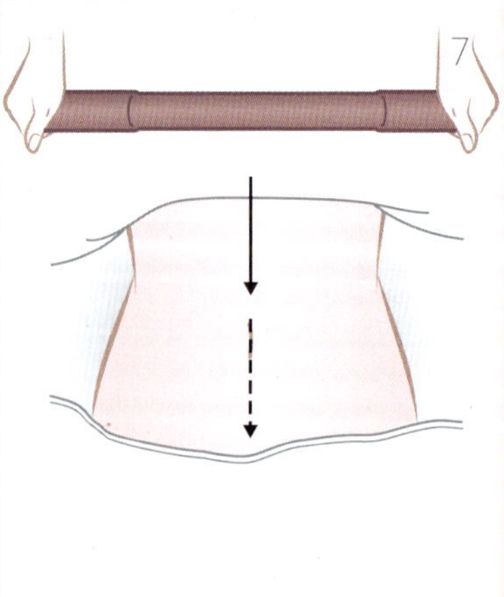

6. 전체 쓸어주기
뱀부(대나무)를 이용하여 복부 전체를 시계 방향으로 가볍게 쓸어준다. (4회)

7. 윗배꼽 쓸어주기
뱀부(대나무)를 이용하여 윗배꼽 부위를 위에서 아래로 가볍게 쓸어준다. (3회)

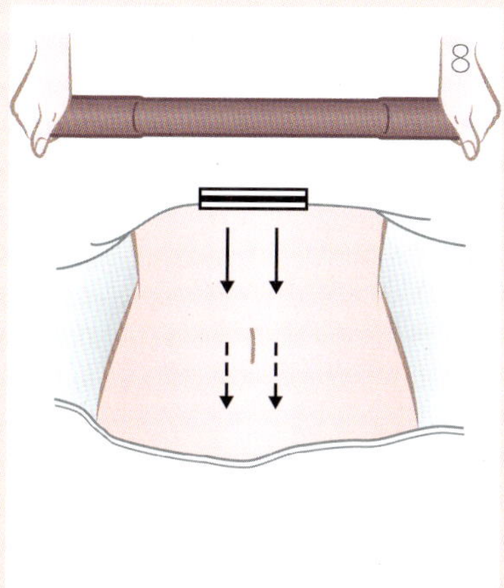

8. 윗배꼽 밀착하여 쓸어주기

배꼽 위 중앙 부위를 뱀부(대나무)를 이용하여 허리라인까지 위에서 아래로 밀착하여 쓸어준다. (3회)

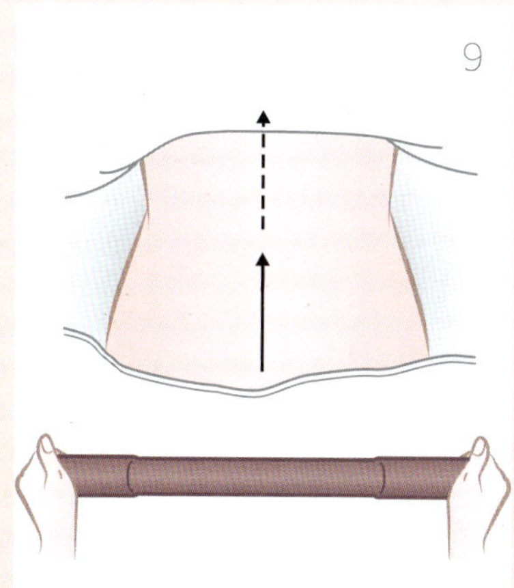

9. 아랫배꼽 쓸어주기

뱀부(대나무)를 이용하여 배꼽 아래 부위를 허리라인까지 쓸어준다. (3회)

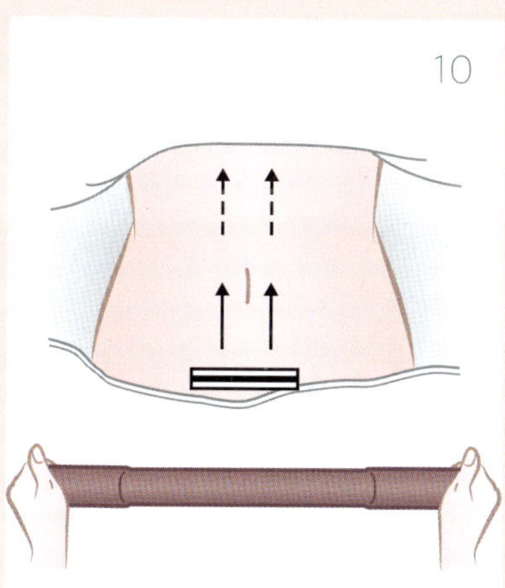

10. 전체 밀착하여 쓸어주기

배꼽 아래 중앙 부위를 뱀부(대나무)를 이용하여 허리라인까지 밀착하여 쓸어준다. (3회)

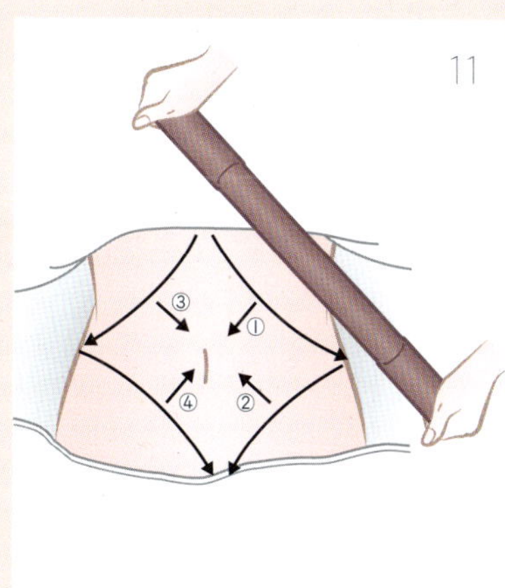

11. 전체 밀착하여 쓸어주기

뱀부(대나무)를 이용하여 복부 전체를 ① → ② → ③ → ④순으로 배꼽 방향으로 누르듯 밀착하여 쓸어준다. (3회)

복부 관리

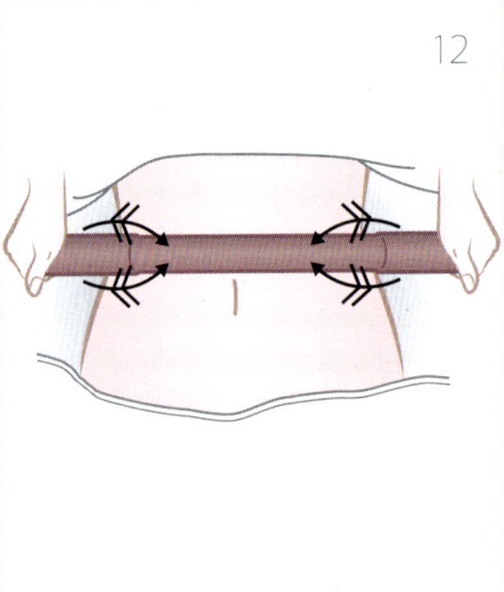

12. 허리 어루만져 쓸어주기
뱀부(대나무)를 이용하여 한 손으로 뱀부(대나무)를 지지하고 다른 한 손으로 좌우 교대로 어루만져 허리 부위를 쓸어준다. (3회)

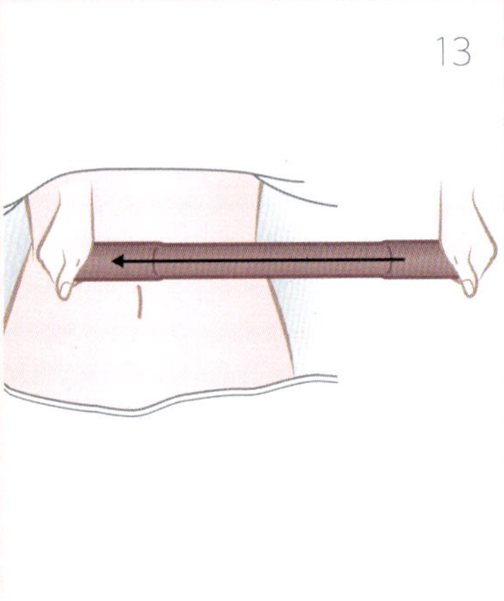

13. 허리 쓸어주기
뱀부(대나무)를 이용하여 허리 부위를 배꼽 방향으로 끌어올리듯 쓸어준다. (3회)

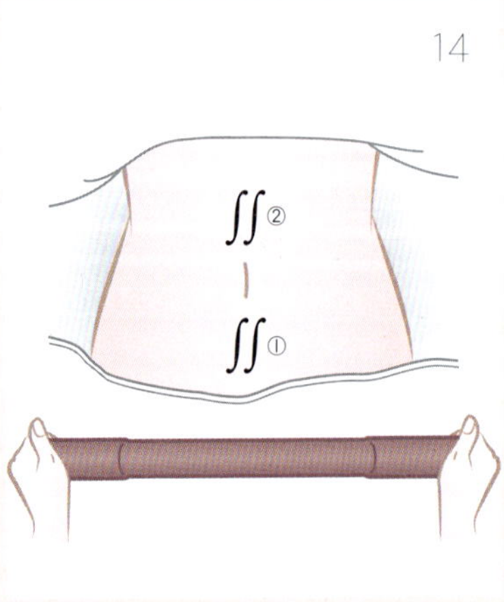

14. 전체 떨어주기
뱀부(대나무)를 이용하여 복부 전체를 떨며 쓸어준다. (3회)

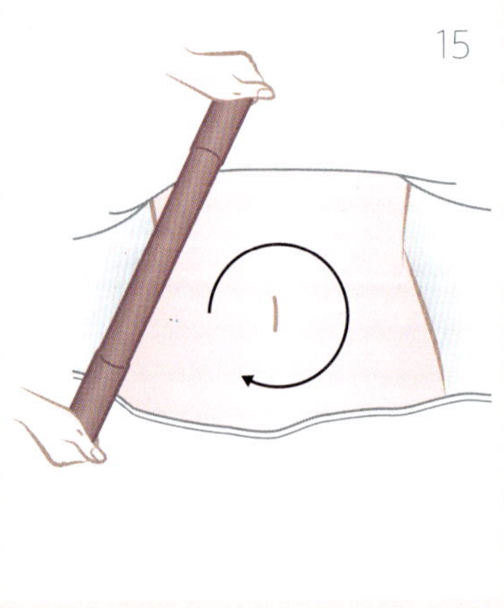

15. 전체 쓸어주기
뱀부(대나무)를 이용하여 복부 전체를 시계 방향으로 가볍게 쓸어준다. (3회)

핸드 테크닉

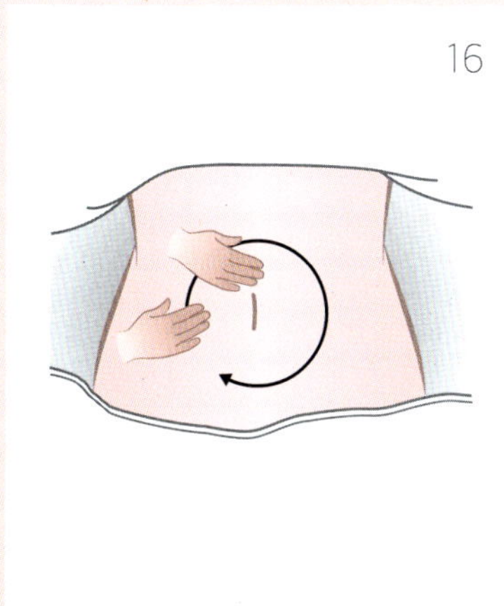

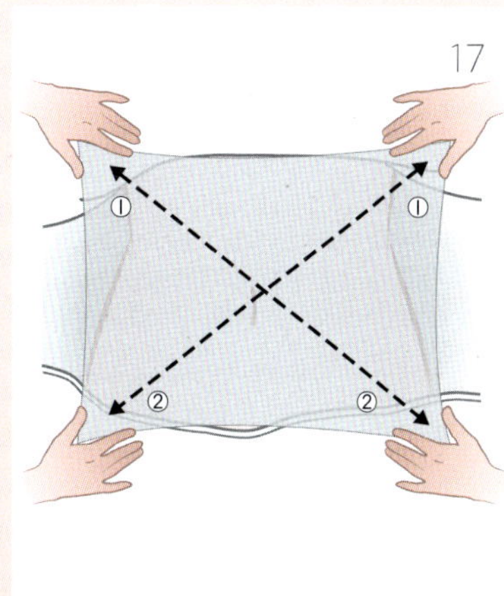

16. 전체 쓸어주기
양손을 이용하여 복부 전체를 시계방향으로 가볍게 쓸어준다. (1회)

17. 온습포
양손을 이용하여 복부 전체를 늑골에서 엉덩뼈까지 늘려준다.(① → ②)
배꼽에서 한 손을 온습포에 끼우고, 반대 손으로 온습포를 잡고 복부 전체를 닦아준다.

팔 관리

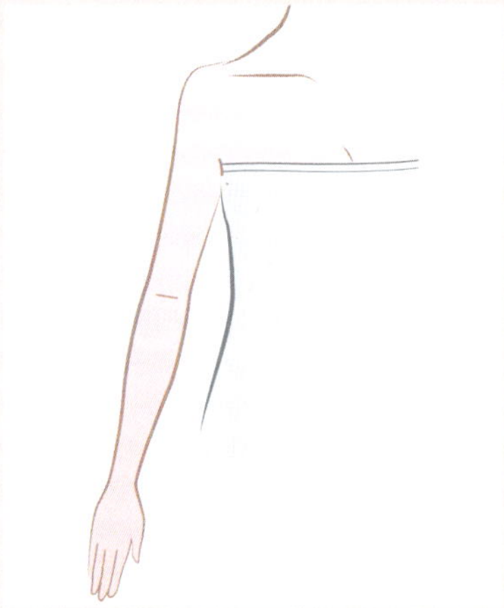

베드 정리

대타월을 베드에 깔고 모델을 눕게 한 후, 대타월과 중타월 또는 소타월을 이용하여 모델을 잘 감싼다. 소타월 1장을 오른쪽 팔 밑에 깔아 둔다.

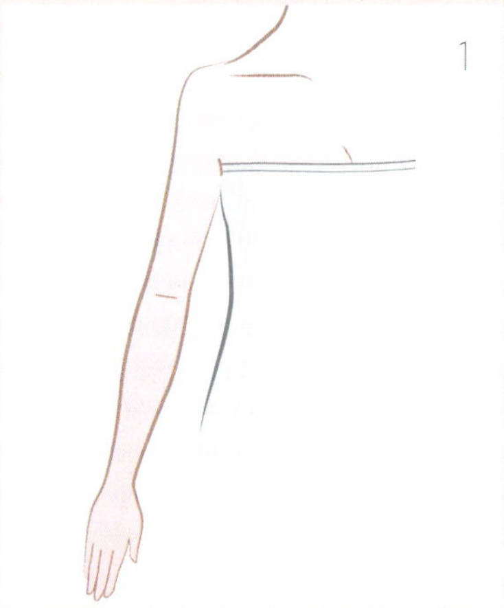

1. 손 소독

손등과 손바닥, 손가락 사이사이까지 소독한다.

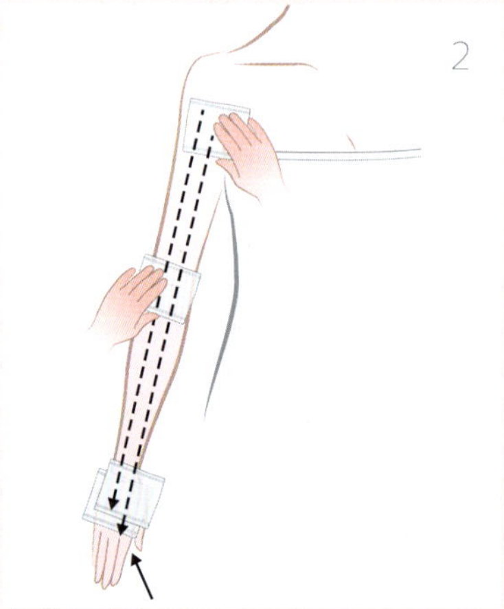

2. 토너로 닦아주기

토너를 화장솜에 묻혀 양손을 이용하여 팔 전체를 닦아준다.

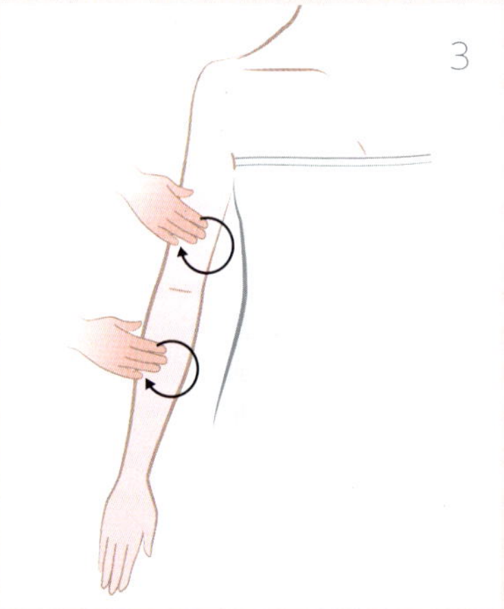

3. 오일 도포

한 손에 오일을 덜어 반대 손으로 팔 전체를 부드럽게 쓸어주듯 도포한다.

핸드 테크닉

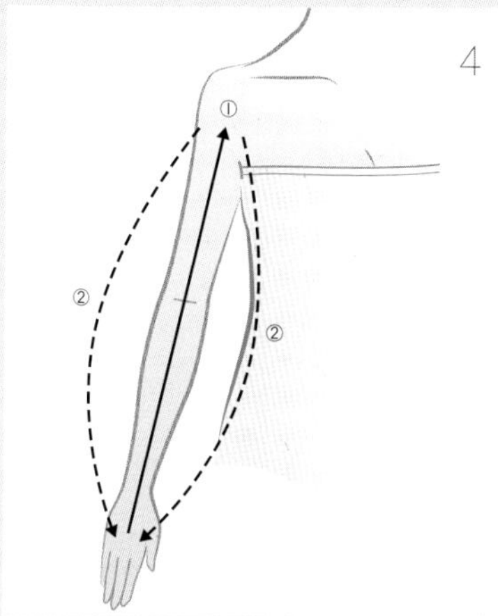

4. 전체 쓸어주기
팔 전체를 양 손을 겹쳐 어깨까지 쓸어 준 후 (①), 손까지 가볍게 쓸어내려 준다(②). (3회)

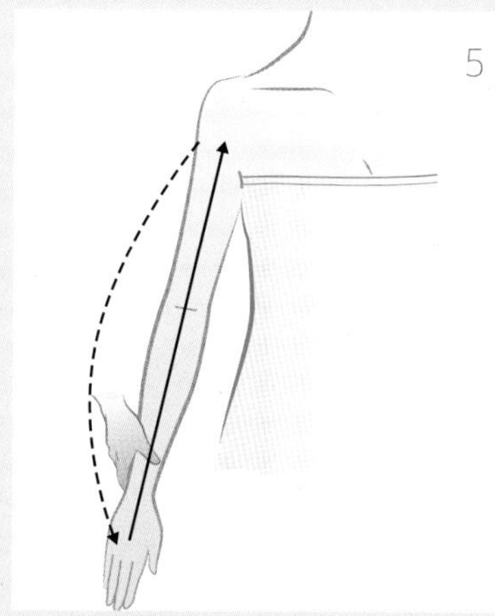

5. 전체 쓸어주기
한 손으로 손목을 고정하고, 손목 부위에서 반대 손으로 어깨까지 가볍게 쓸어준 후, 가볍게 내려준다. (3회) 손을 바꿔 동일하게 실시한다.

뱀부(대나무) 테크닉

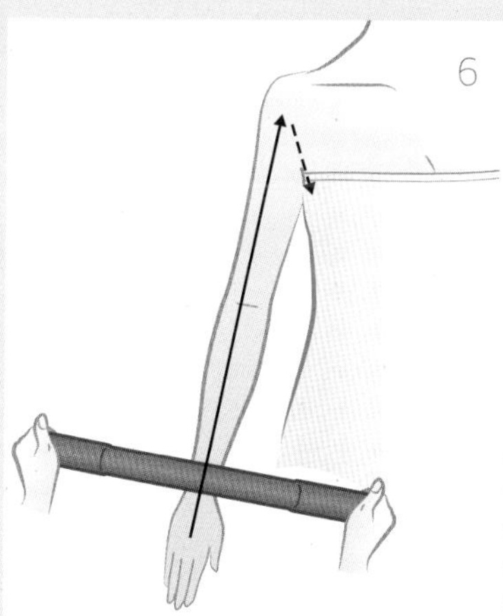

6. 팔 바깥쪽 전체 쓸어주기
뱀부(대나무)를 이용하여 팔 바깥쪽 전체를 가볍게 쓸어 올려 준 후, 액와 부위로 쓸어준다. (3회)

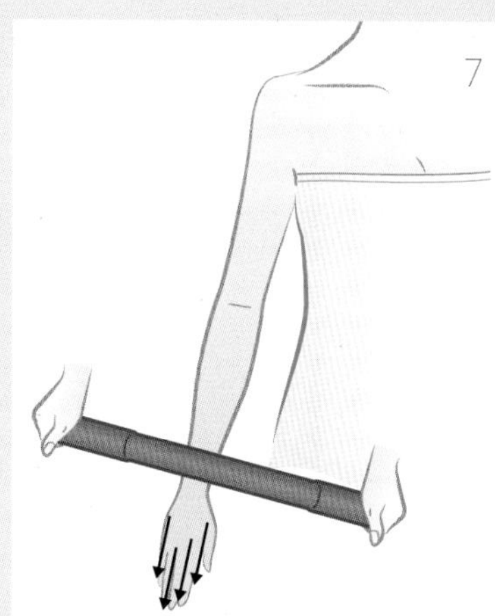

7. 손가락 쓸어주기
손가락 부위를 뱀부(대나무)를 이용하여 위에서 아래로 가볍게 쓸어내린다. (3회)

팔 관리

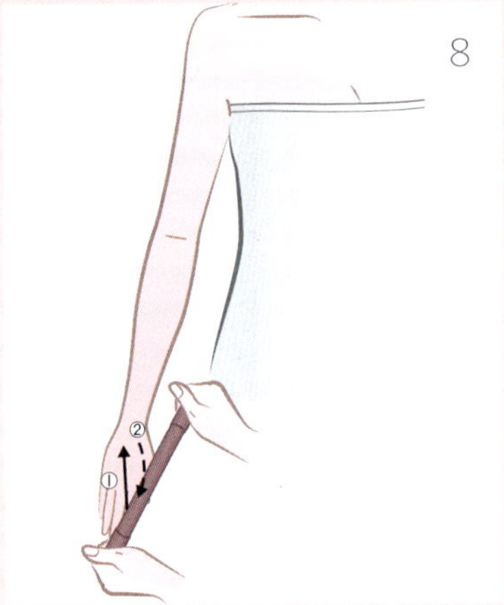

8. 손가락 사이 밀착하여 쓸어주기

뱀부(대나무)를 손가락 사이에 밀착하여 누르듯 쓸어 올린 후(①), 가볍게 쓸어내린다(②). (3회)

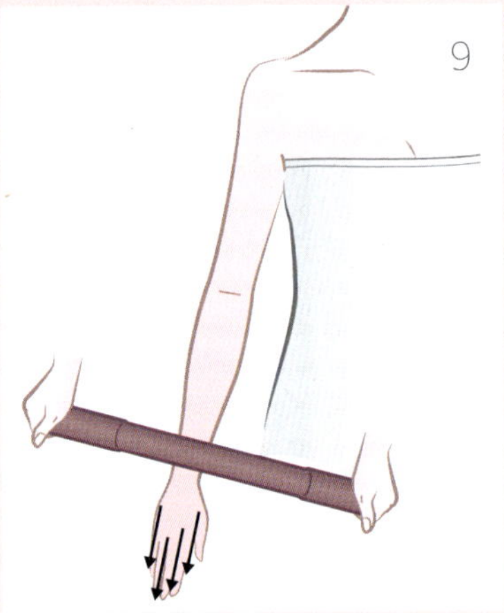

9. 손등 쓸어주기

뱀부(대나무)를 손등 부위에 가볍게 밀착시켜 위에서 아래로 쓸어내린다. (3회)

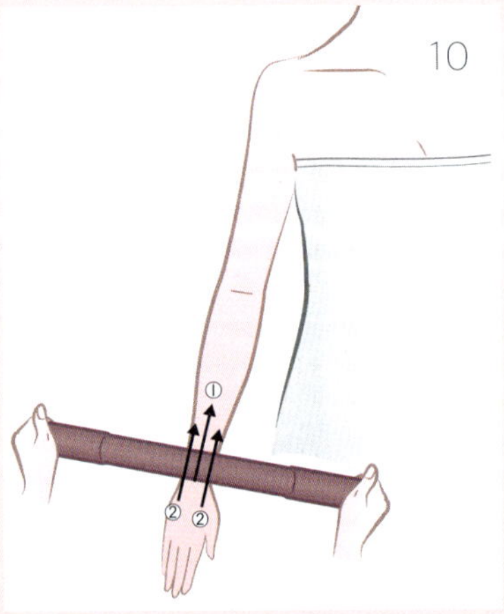

10. 손목 쓸어주기

뱀부(대나무)를 손목 부위에 가볍게 밀착하여 쓸어 올려 준다. (3회)

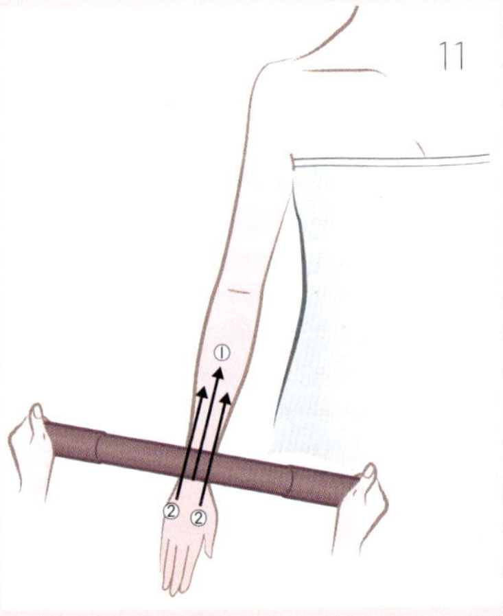

11. 팔 바깥쪽 쓸어주기

아래팔 바깥쪽을 뱀부(대나무)를 이용하여 가볍게 쓸어 올려 준다. (3회)

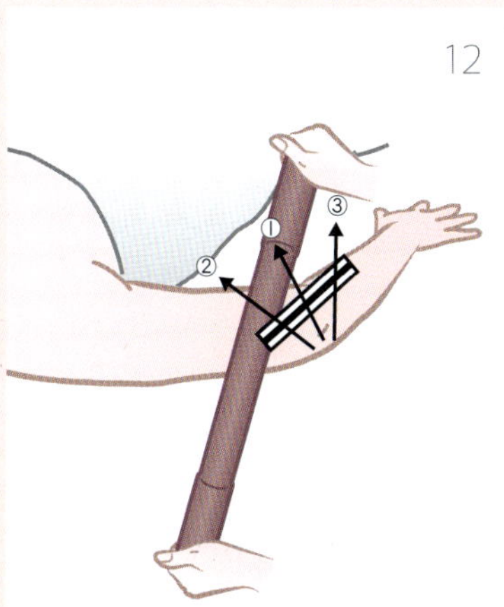

12. 주관절 쓸어주기

뱀부(대나무)를 주관절 부위에 밀착시켜 좌우로 굴려 쓸어준 후(①), 위아래로 굴리듯 쓸어준다(②). (3회)

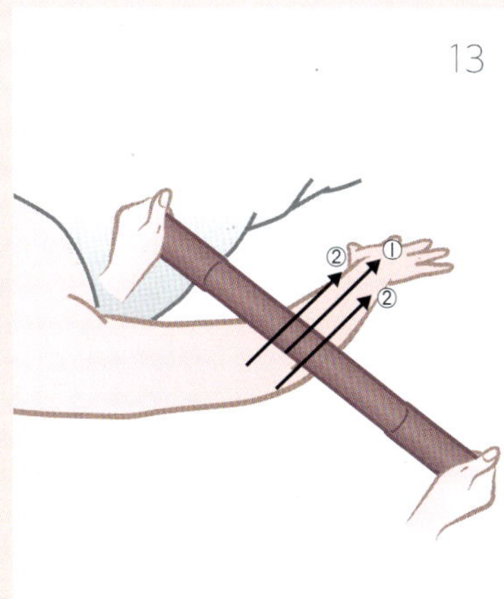

13. 팔 바깥쪽 쓸어주기

주관절 부위에서 손목 방향으로 뱀부(대나무)를 이용하여 쓸어준다. (3회)

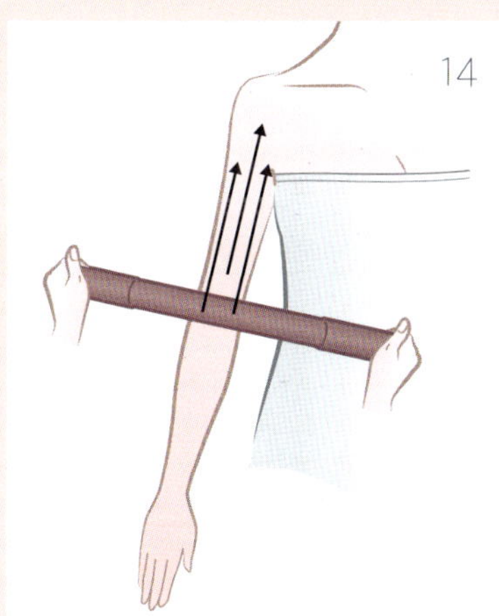

14. 팔 바깥쪽 쓸어주기

뱀부(대나무)를 이용하여 위팔 바깥쪽을 가볍게 쓸어 올려 준다. (3회)

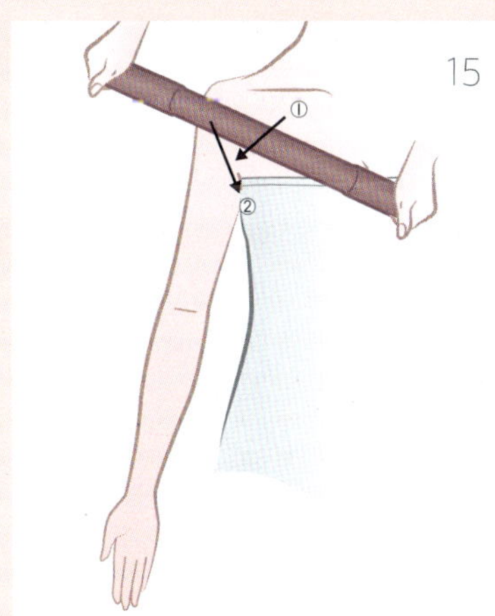

15. 액와 쓸어주기

어깨와 윗가슴 부위를 뱀부(대나무)를 이용하여 액와 부위까지 쓸어 준다. (3회)

팔 관리

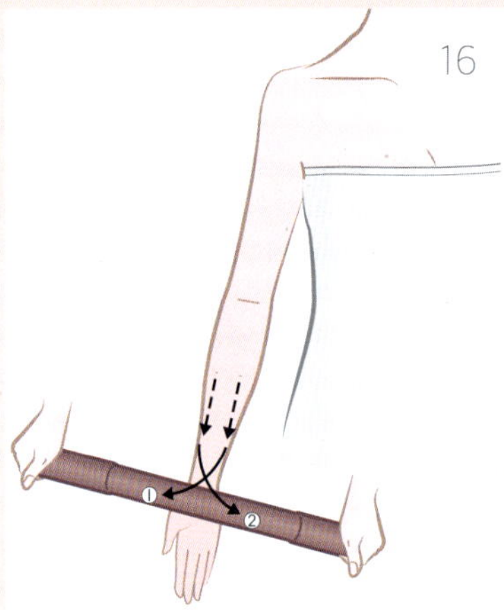

16. 손바닥 쓸어주기
손바닥 부위를 뱀부(대나무)를 이용하여 교대로 손가락까지 가볍게 쓸어준다(①, ②). (3회)

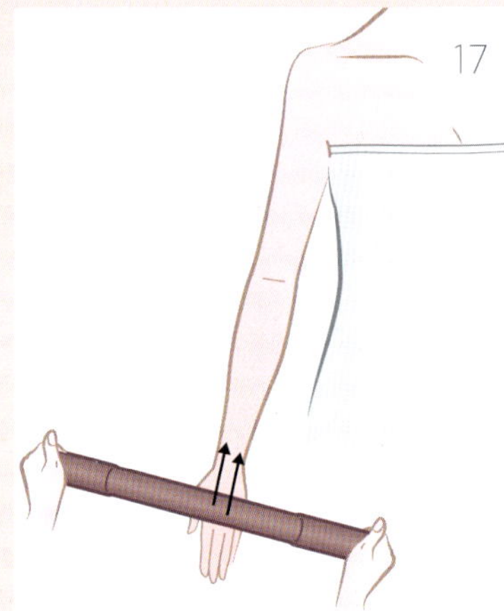

17. 손바닥 밀착하여 쓸어주기
손바닥 부위를 뱀부(대나무)를 이용하여 밀착하여 쓸어준다. (3회)

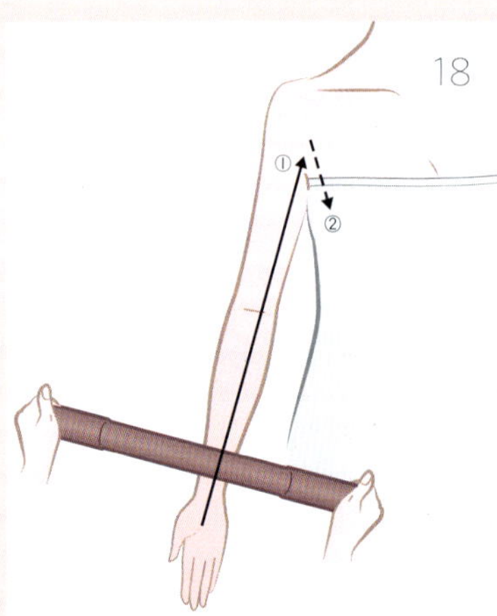

18. 팔 안쪽 전체 쓸어주기
팔 안쪽 전체를 뱀부(대나무)를 이용하여 가볍게 쓸어 올려 준 후, 액와 부위로 쓸어준다. (3회)

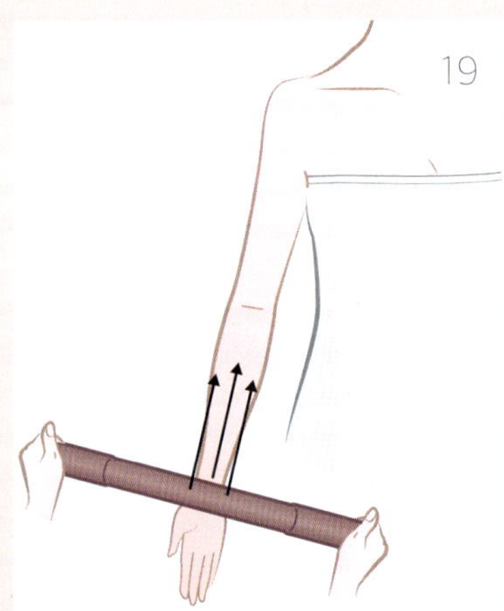

19. 팔 안쪽 쓸어주기
아래팔 안쪽을 뱀부(대나무)를 이용하여 쓸어 올려 준다(3회)

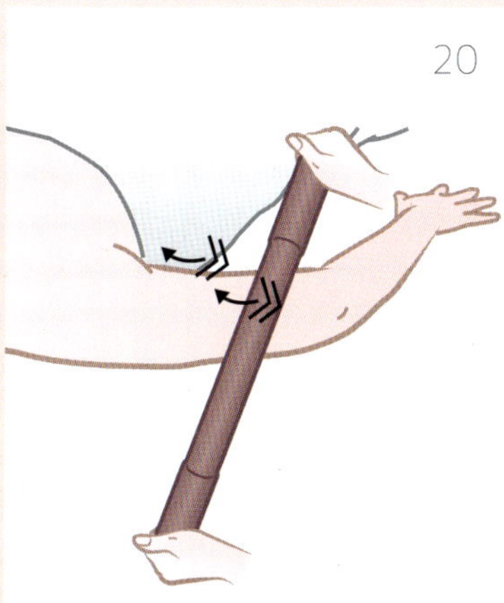

20. 팔 안쪽 어루만져 주기

뱀부(대나무)를 이용하여 위팔 안쪽을 한 손으로 지지하고 다른 한 손을 이용하여 어루만져 올려준다. (3회)

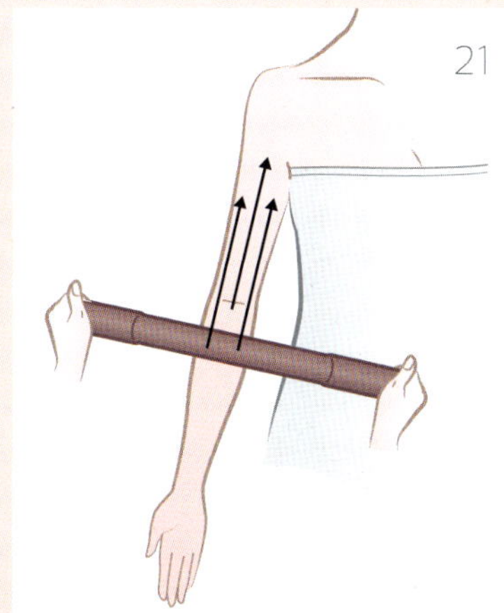

21. 팔 안쪽 쓸어주기

위팔 안쪽을 뱀부(대나무)를 이용하여 가볍게 쓸어 올려준다. (3회)

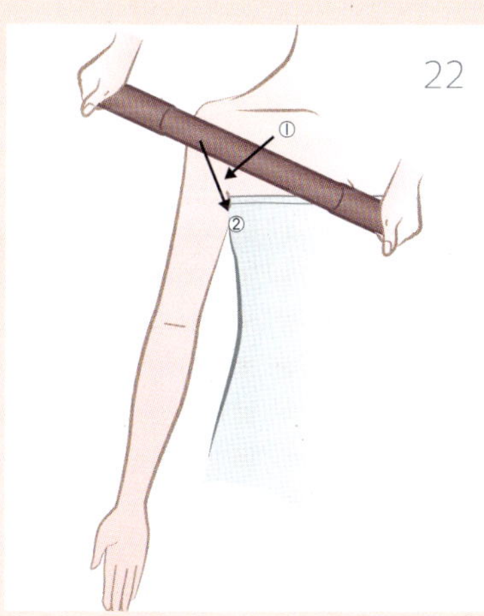

22. 액와 쓸어주기

어깨와 윗가슴 부위를 뱀부(대나무)를 이용하여 액와부위로 쓸어준다. (3회)

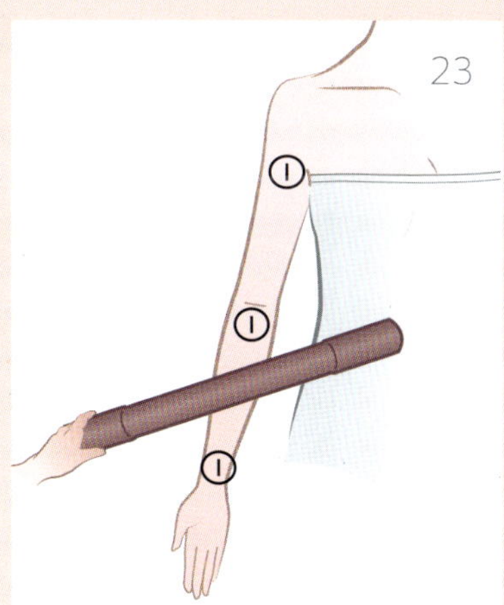

23. 팔 안쪽 전체 두드리기

팔 안쪽 전체를 뱀부(대나무)를 이용하여 두 손으로 가볍게 두드린다. (3회)

팔 관리

핸드 테크닉

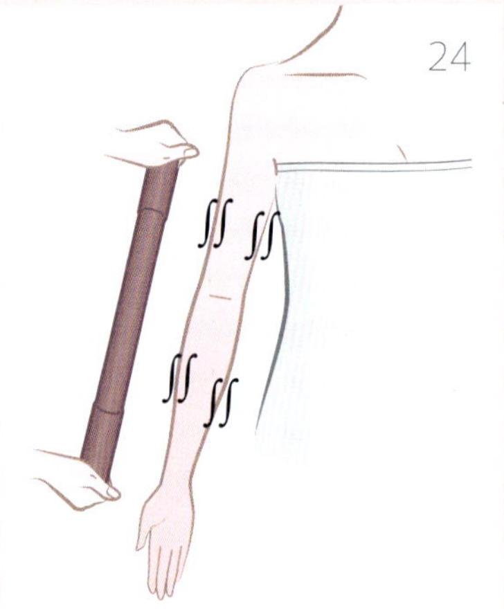

24. 전체 떨어주기
뱀부(대나무)를 이용하여 아래팔 옆 부위에서 가볍게 떨어준 후, 위팔 부위까지 떨어준다. (3회)

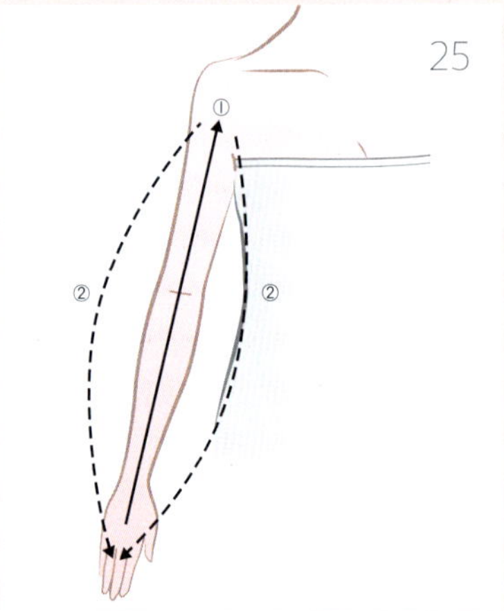

25. 팔 쓸어주기
팔 전체를 양 손을 겹쳐 손등에서 어깨까지 쓸어 준 후(①), 손가락까지 가볍게 쓸어 내려준다(②). (1회)

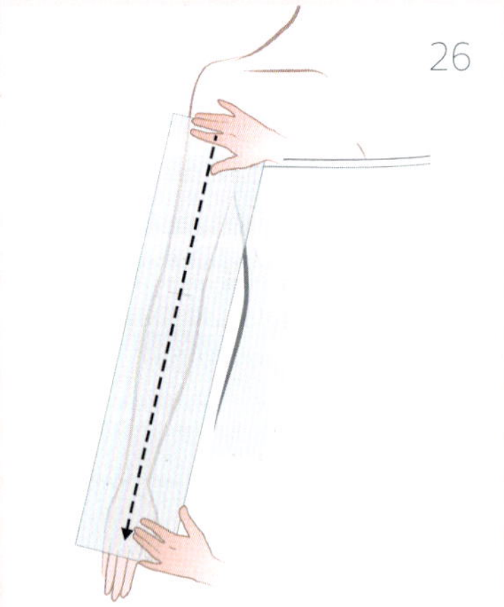

26. 온습포
팔 전체를 스트레칭한 후, 위팔에서 양 엄지와 검지로 온습포를 잡고 손가락까지 닦아준다. 한 손을 온습포에 끼운 후, 반대 손으로 온습포를 잡고 팔 전체를 닦아준다.

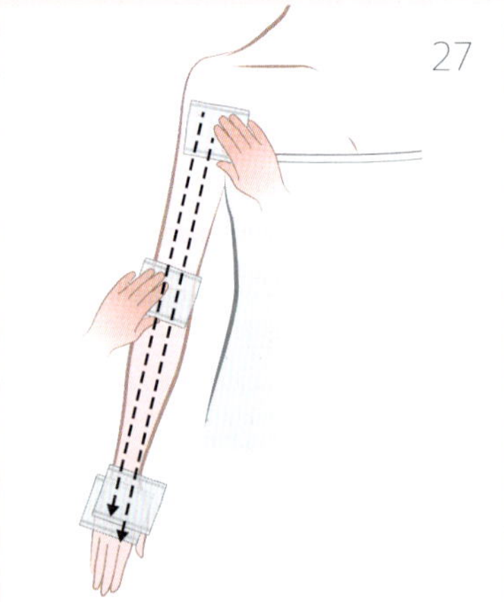

27. 토너로 닦아주기
팔 전체를 양손을 이용하여 토너를 화장솜에 묻혀 마무리한다.

부록

뱀부(대나무) 매뉴얼테크닉 연습하기

01 — 얼굴 관리

기본 매뉴얼테크닉

1

핸드 테크닉
앞면

2

3

4

5

뱀부(대나무) 테크닉
데콜테

6

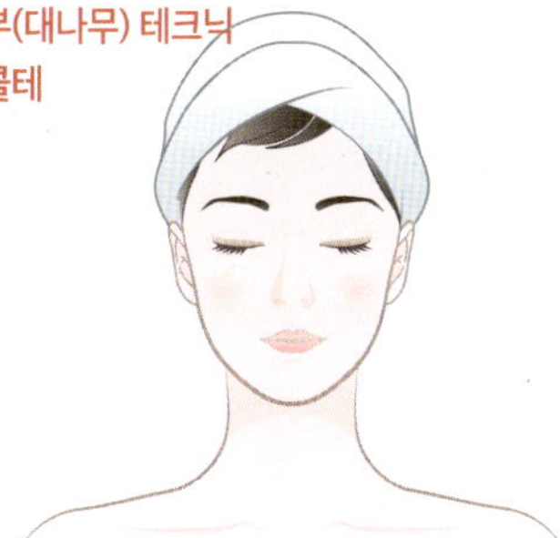

7

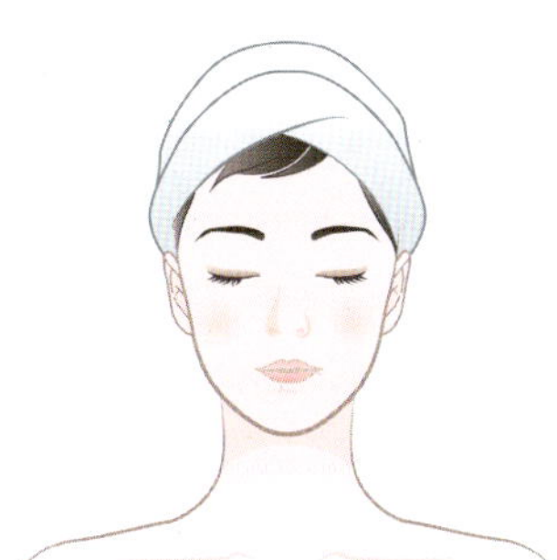

8

9

10

11

12

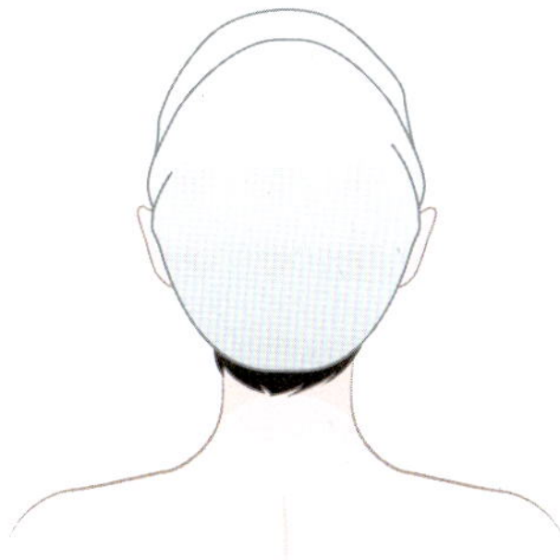

13

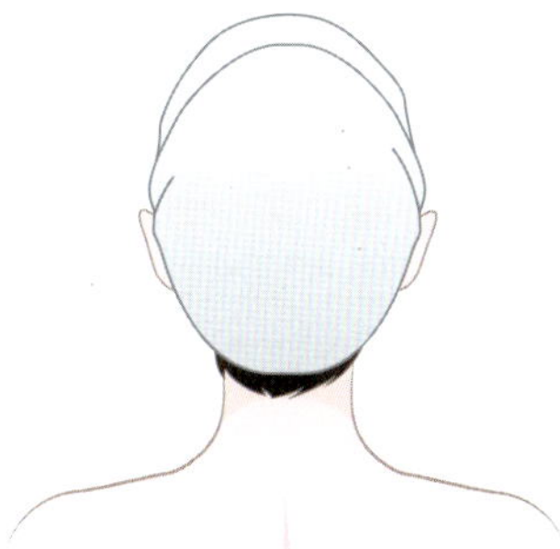

뱀부(대나무) 테크닉
얼굴 앞면

14

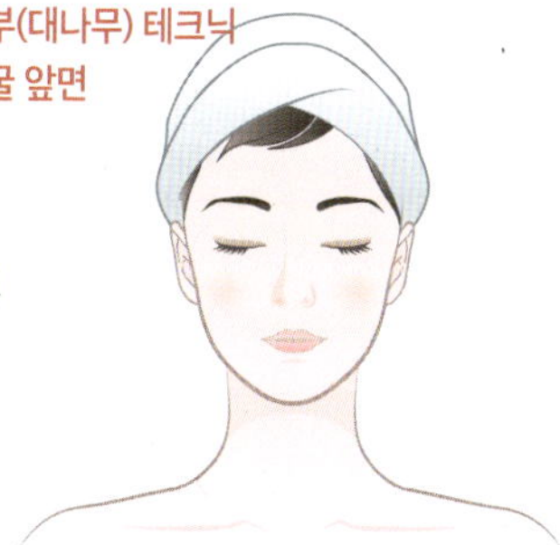

15

16

17

18

19

20

21

22

23

24

25

뱀부(대나무) 테크닉
얼굴 옆면

26

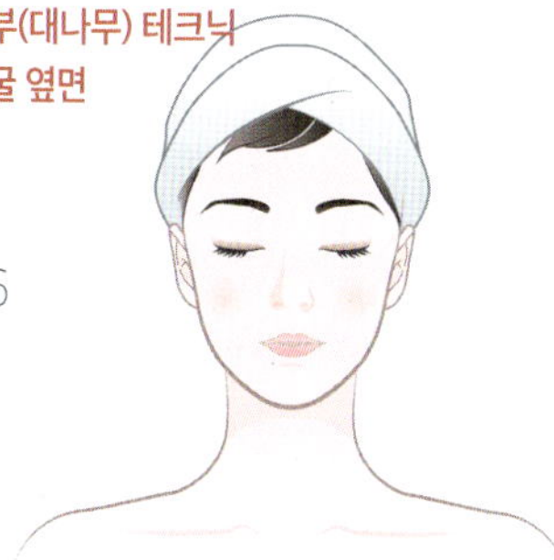

27

28

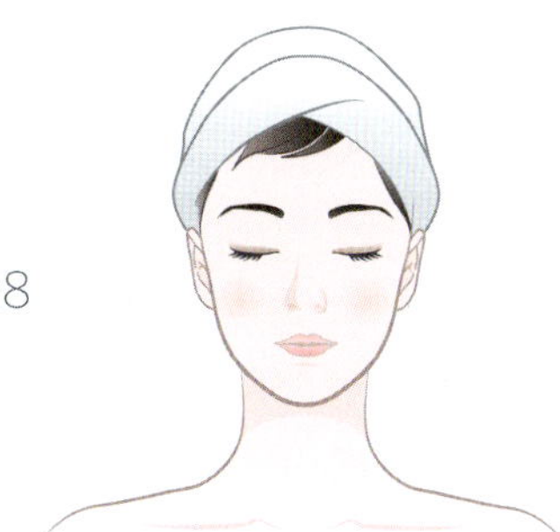

29

30

31

32 

33 

34 

35 

뱀부(대나무) 테크닉
얼굴 앞면

36

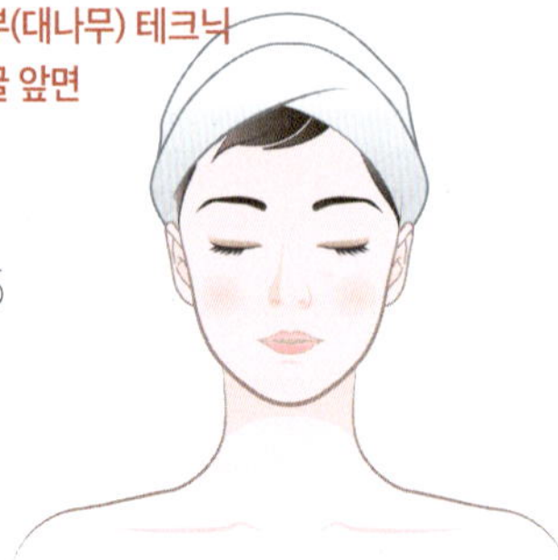

37

38

39

02 — 등 관리

도포

1

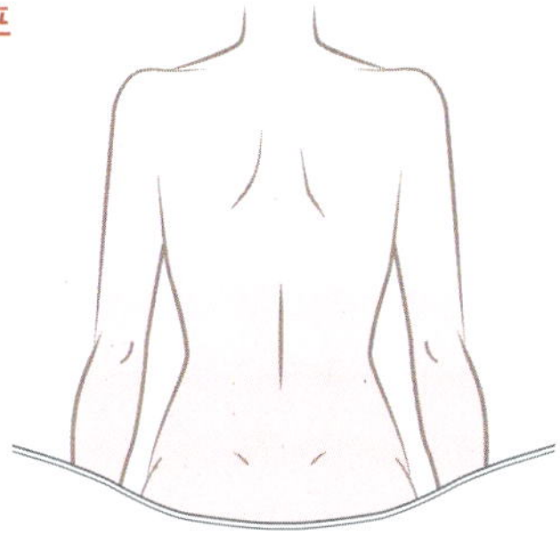

핸드 테크닉

2

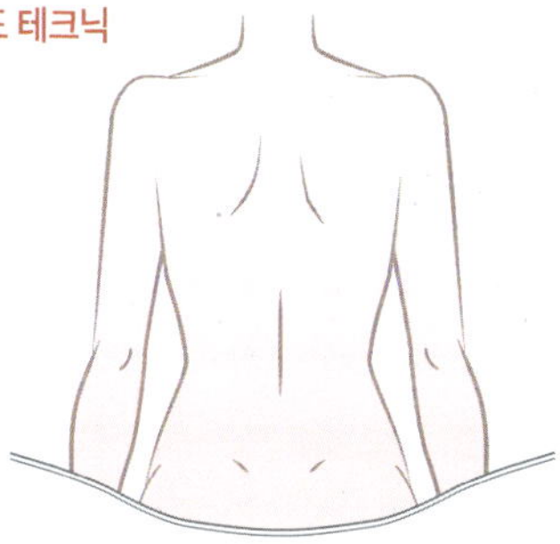

3

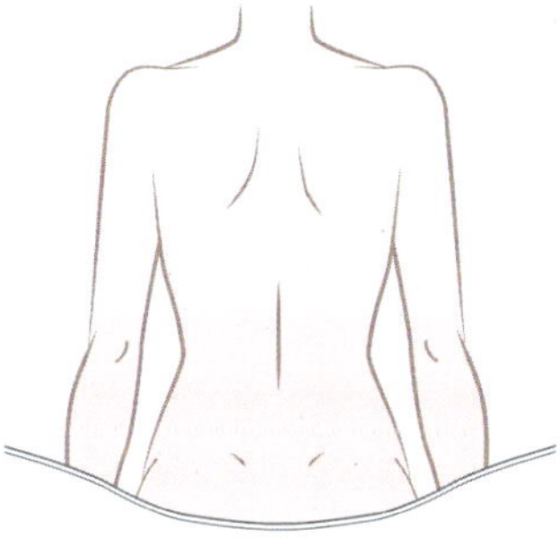

4

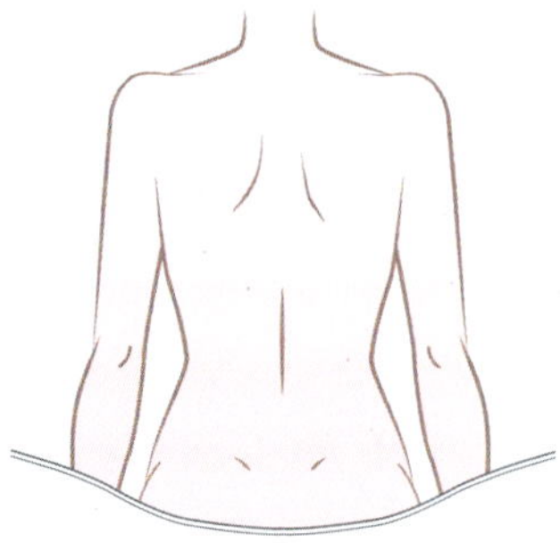

5

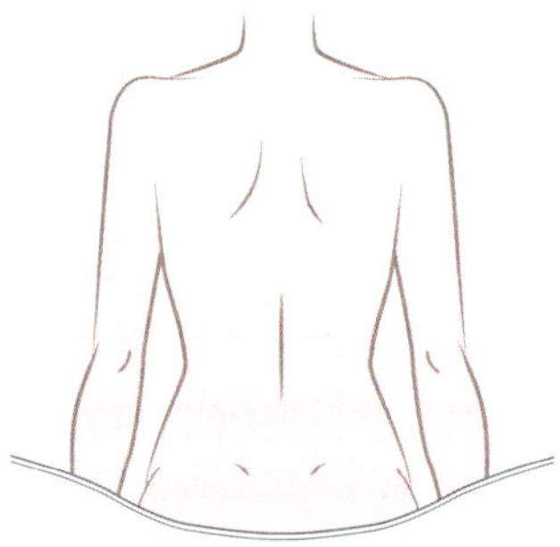

뱀부(대나무) 테크닉

6

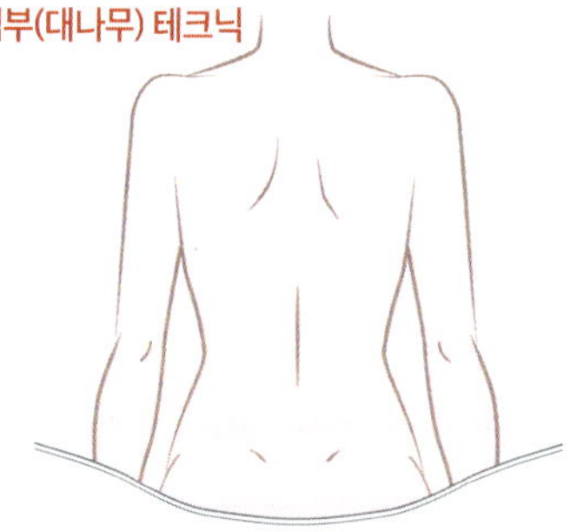

7

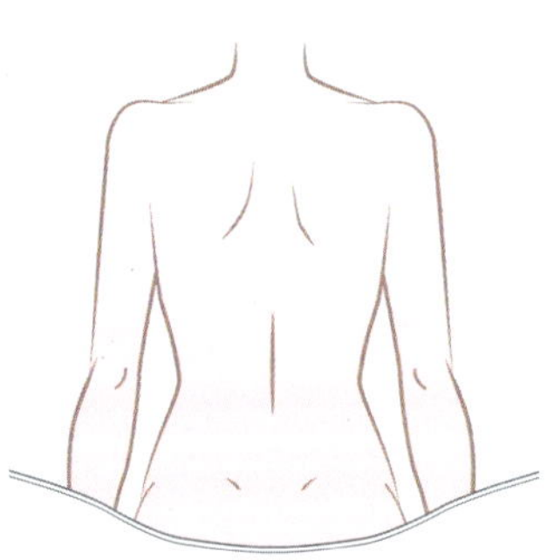

8

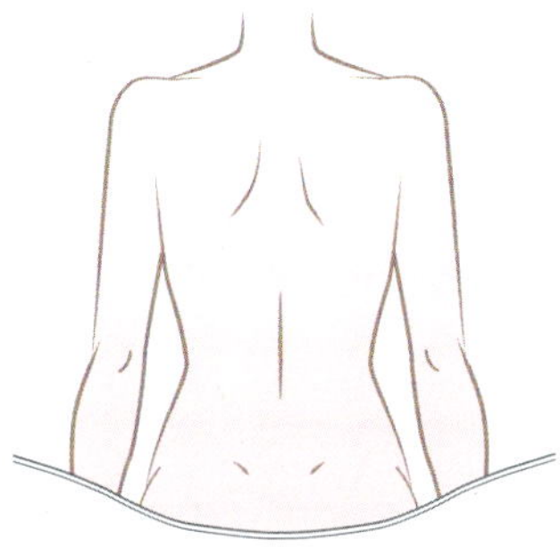

9

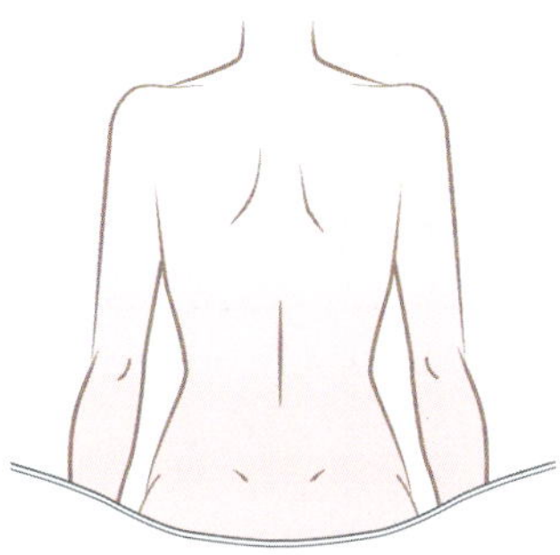

10

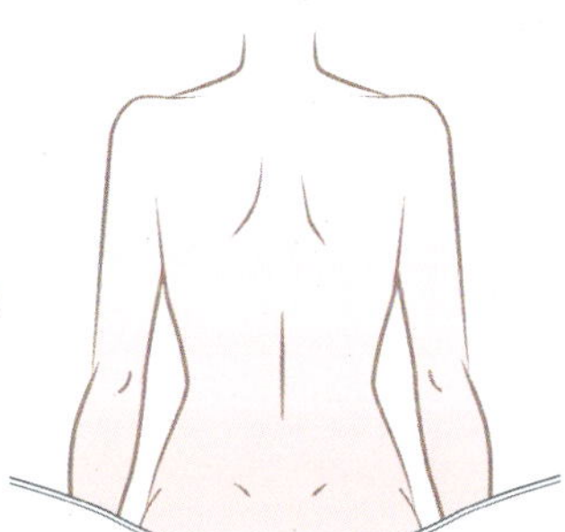

11

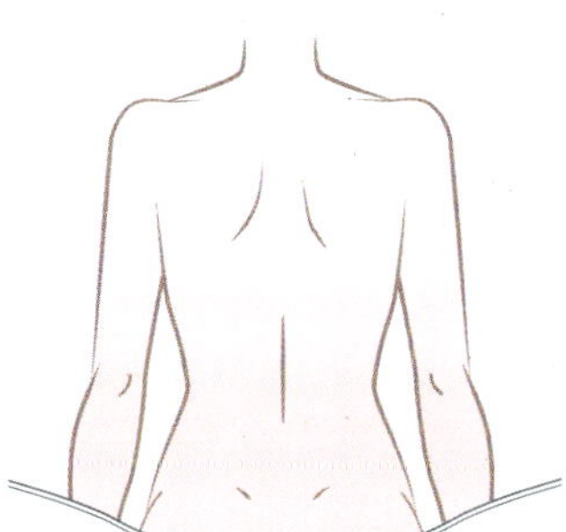

12

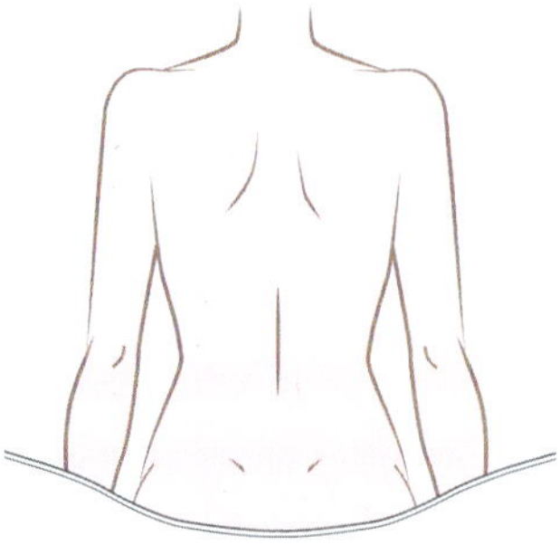

13

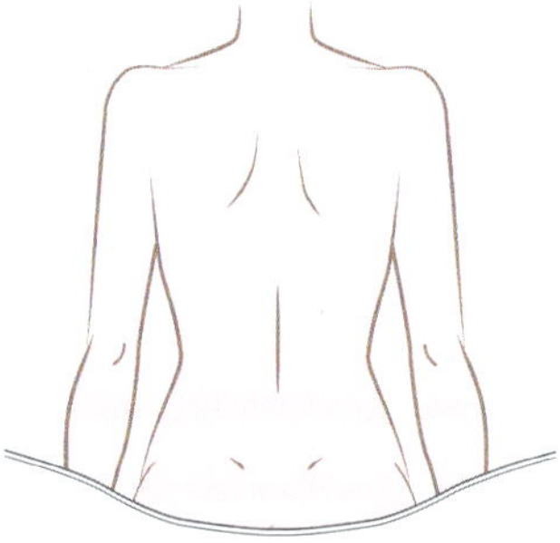

14

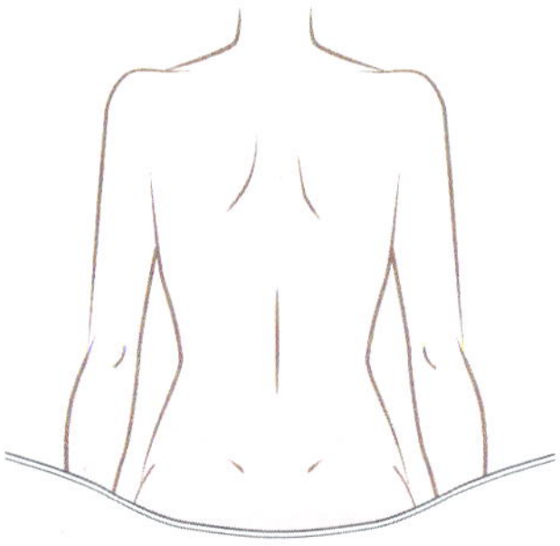

15

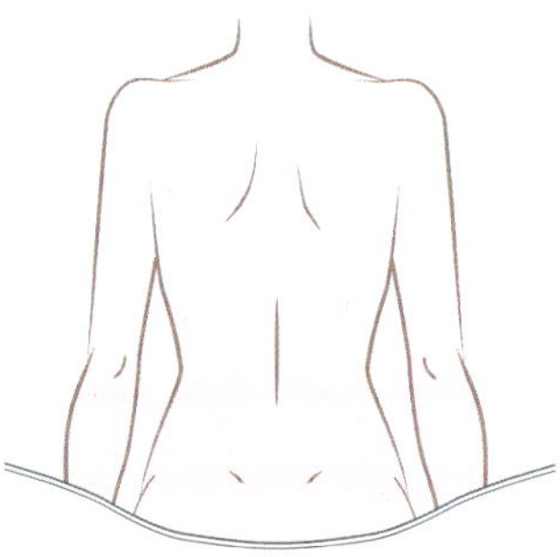

16

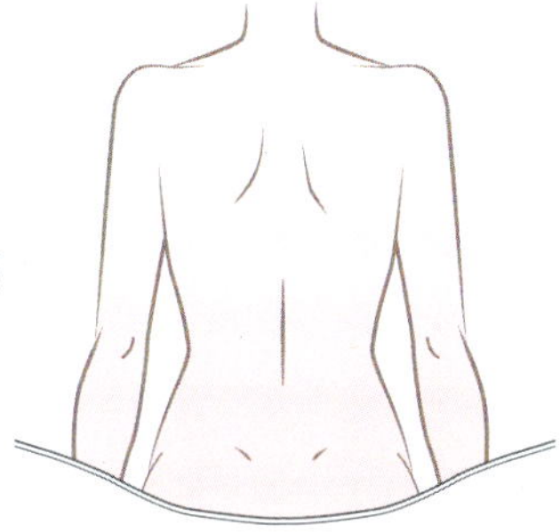

17

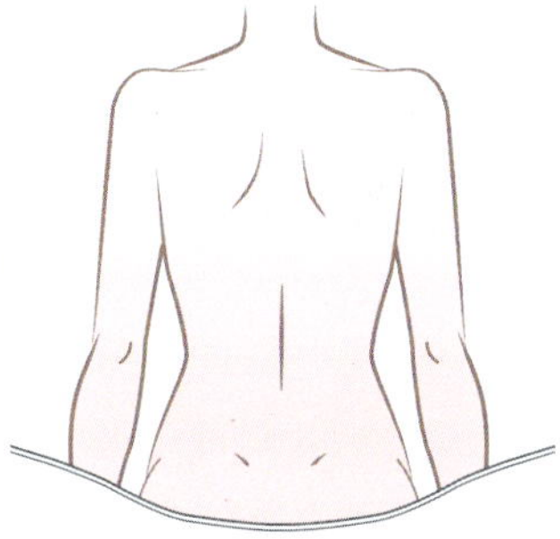

18

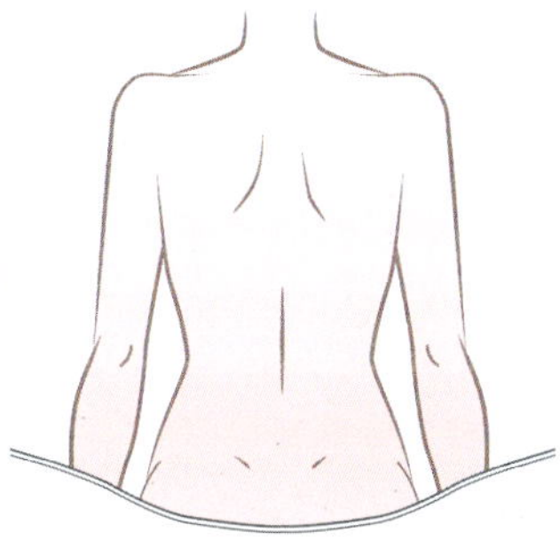

19

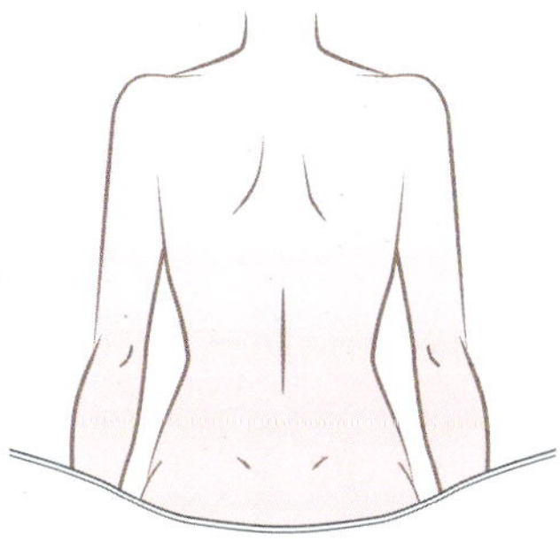

20

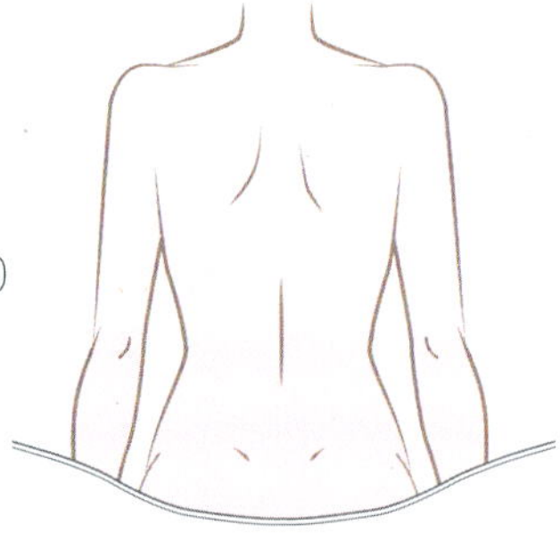

21

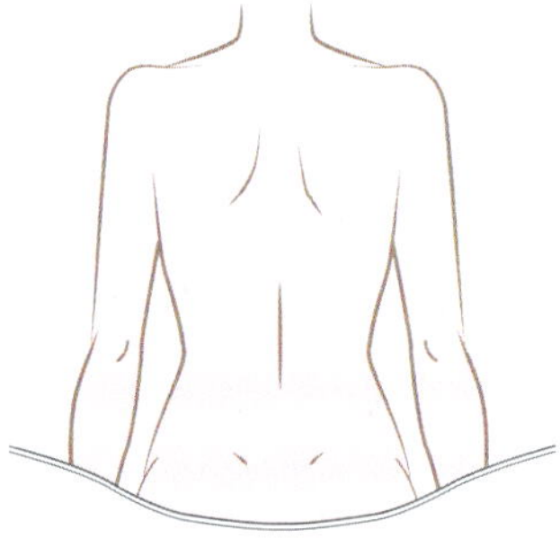

22

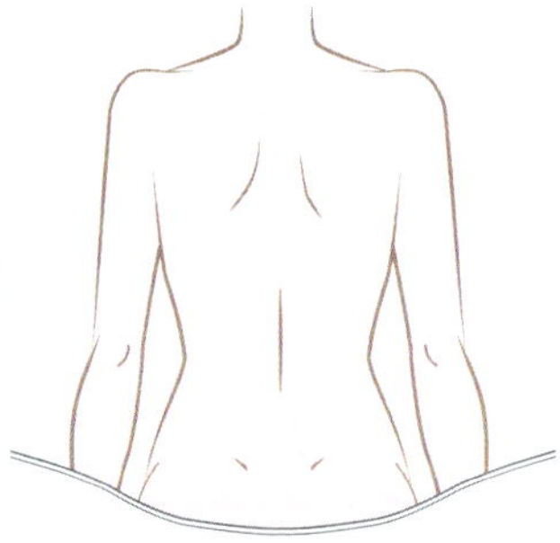

23

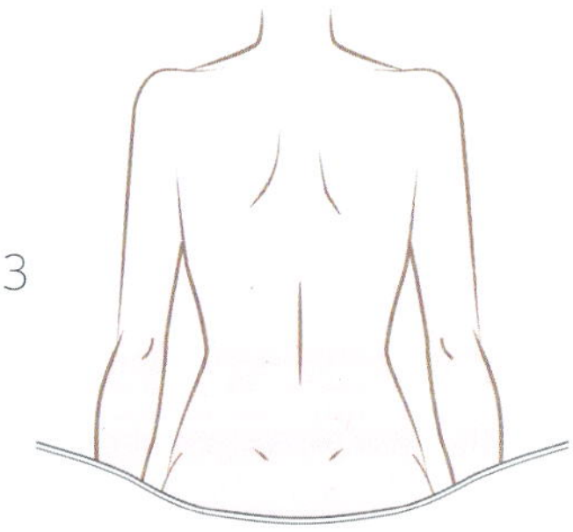

24

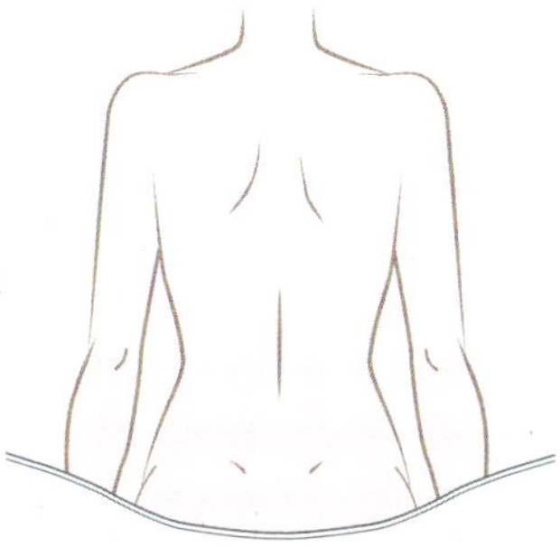

25

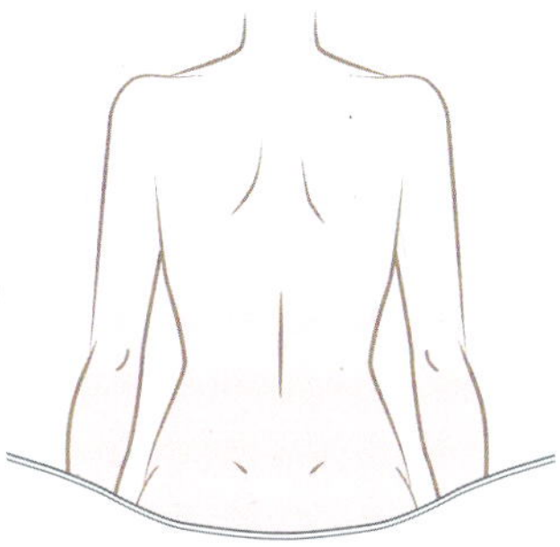

26

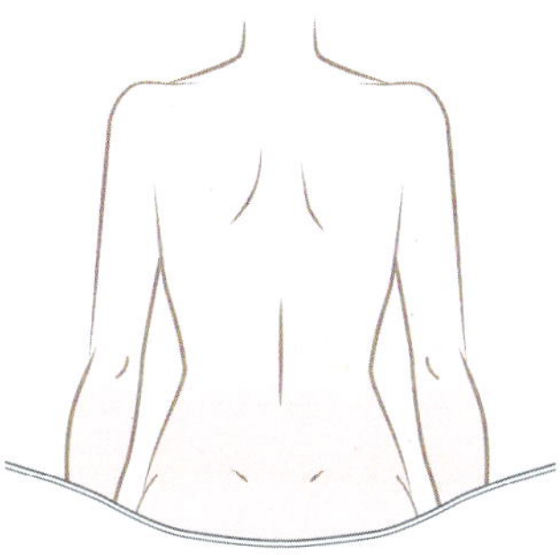

27

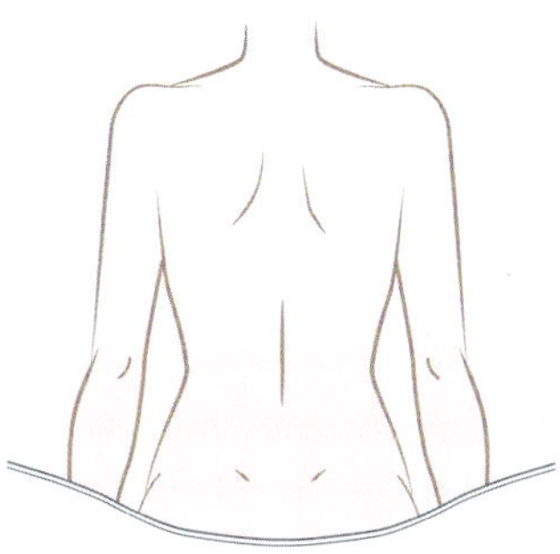

28

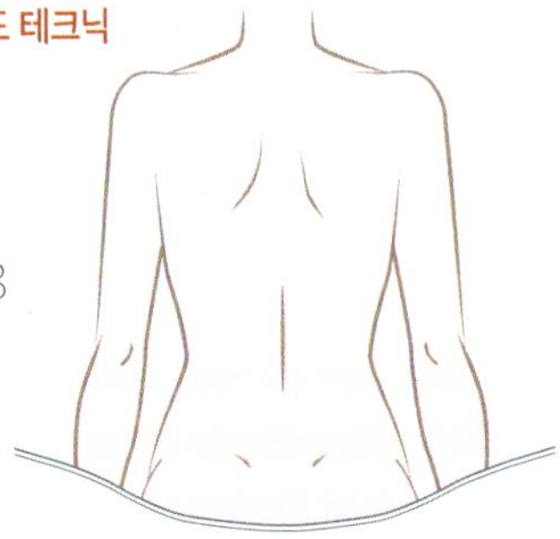

29

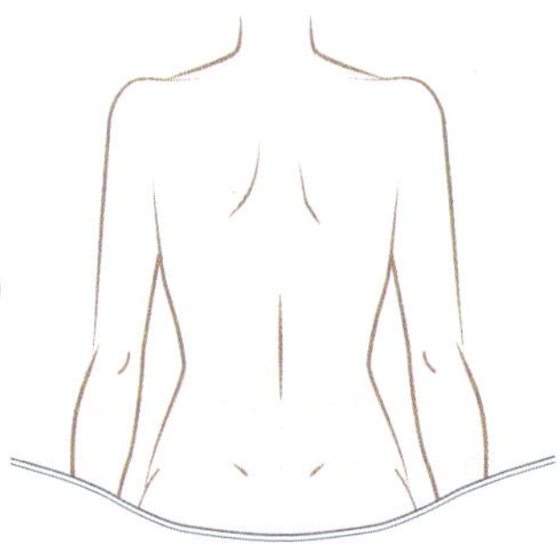

30

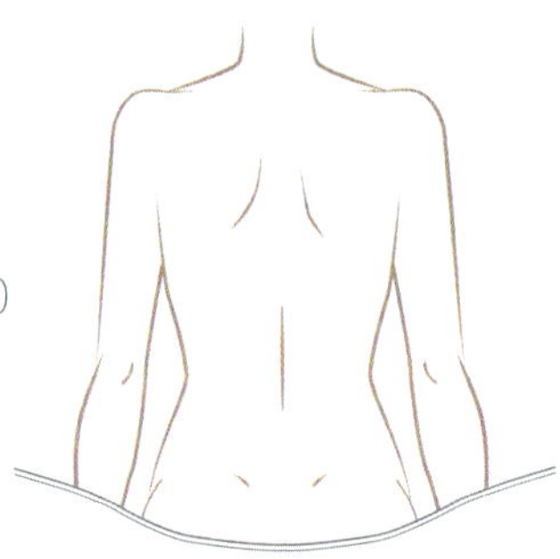

31

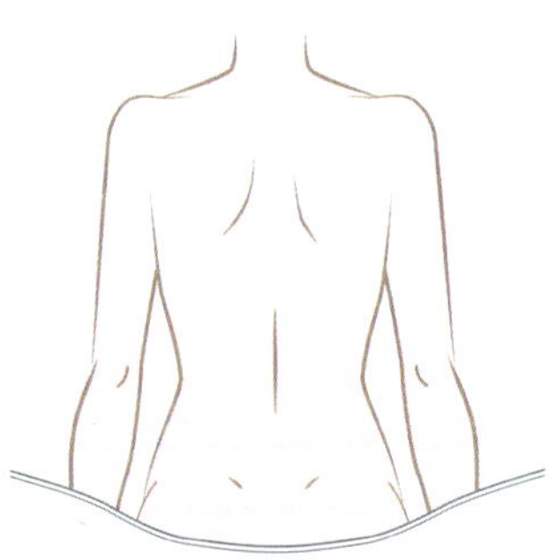

03 — 다리 관리 - 후면

1

2

3

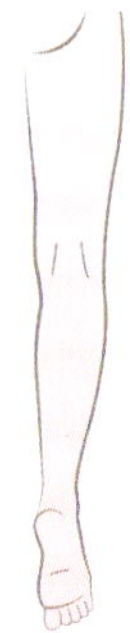

4

5

6

7

뱀부(대나무) 테크닉

8

9

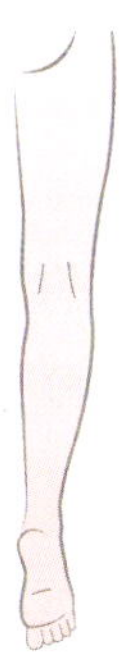

10

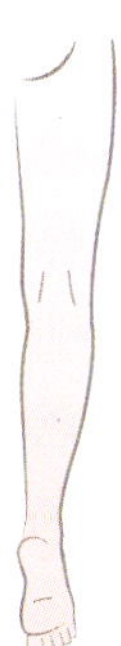

11

12

13

14

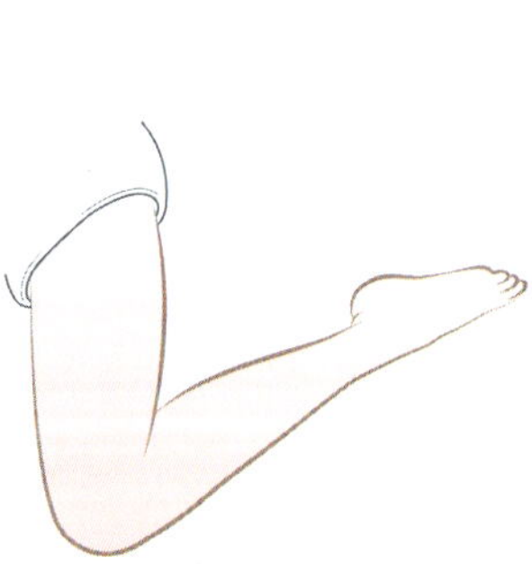

15 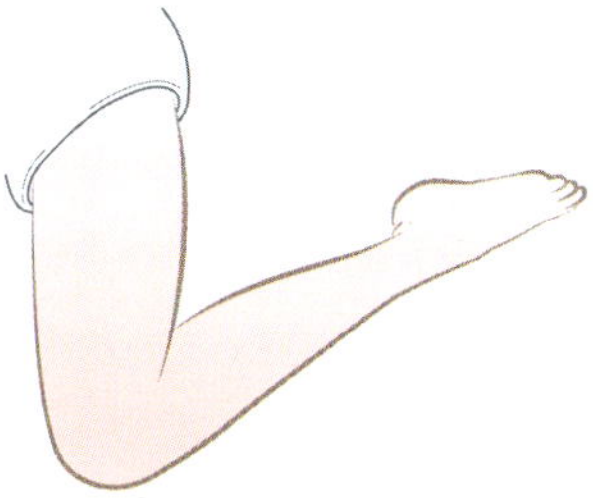

16 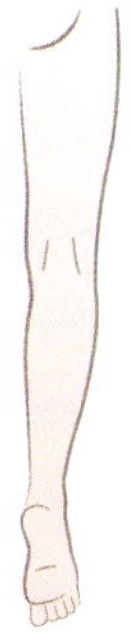

17 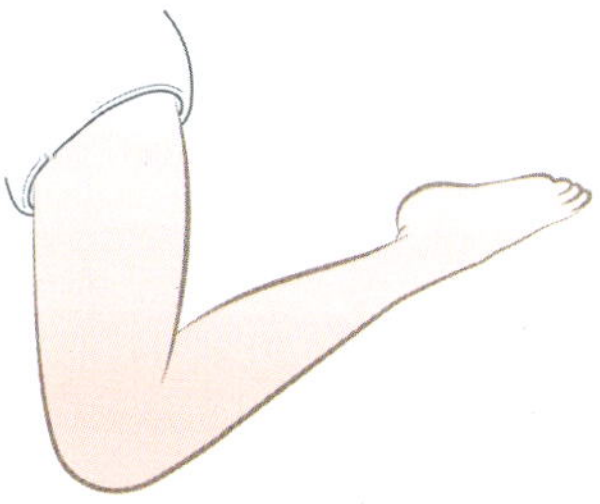

18 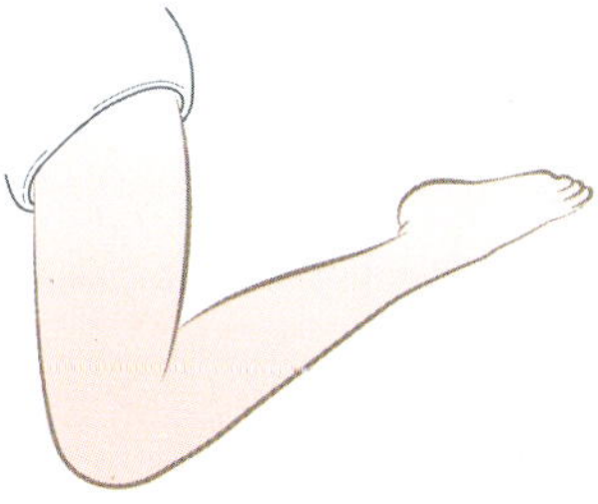

19 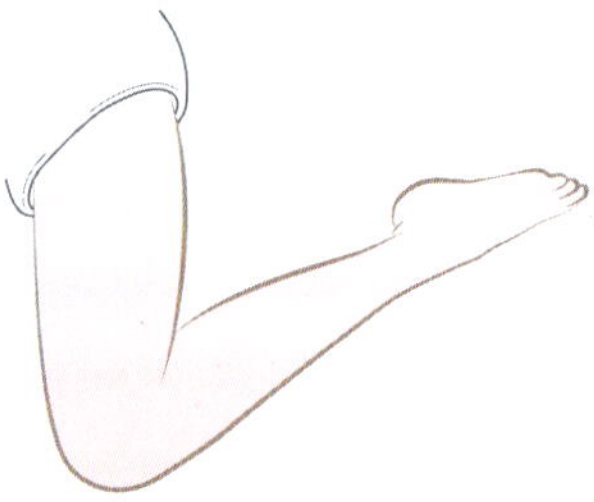

20 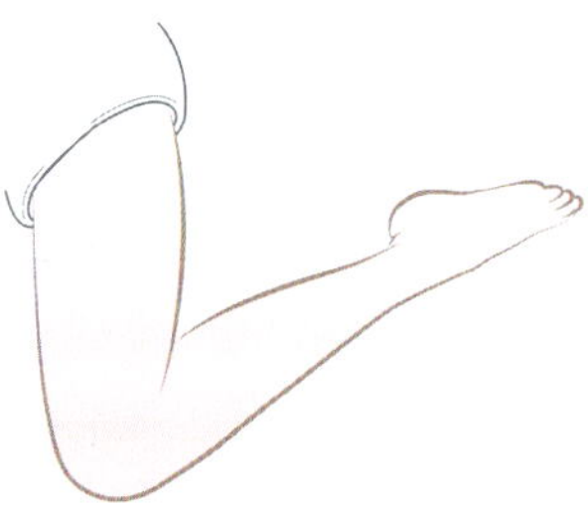

21 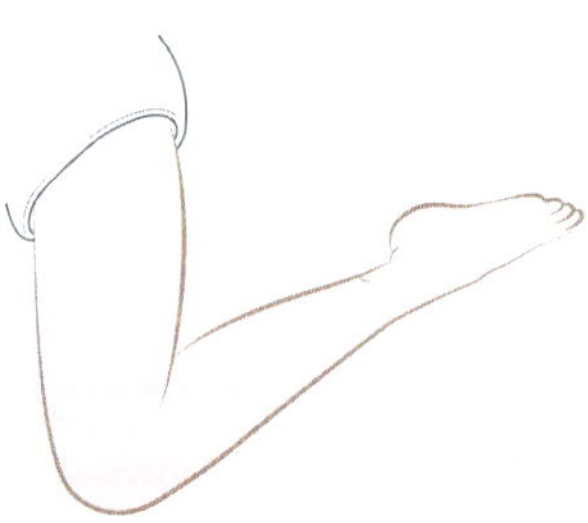

22 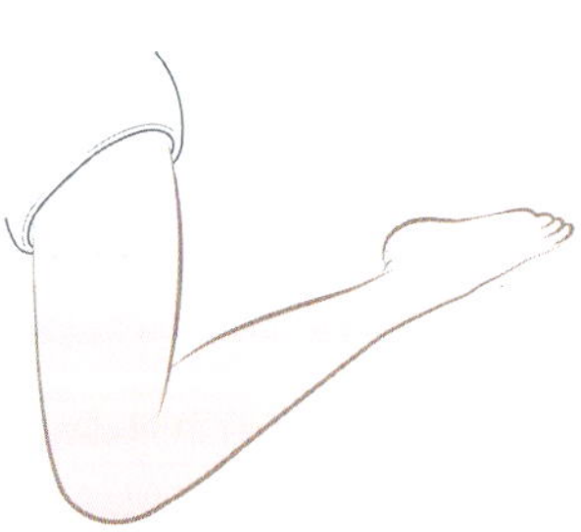

23

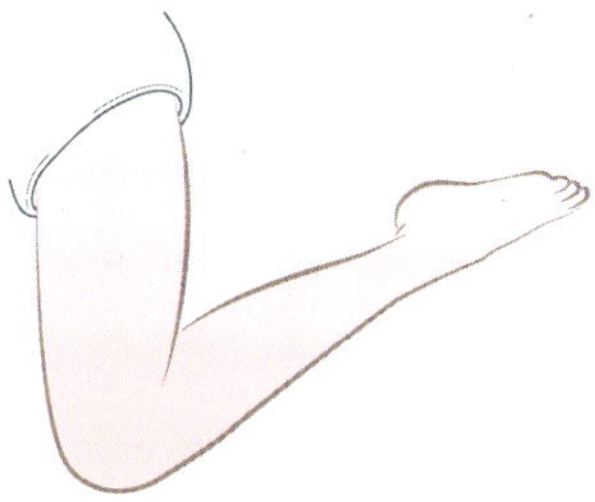

24

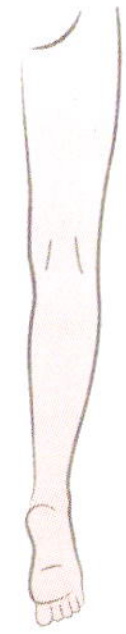

핸드 테크닉

25

26

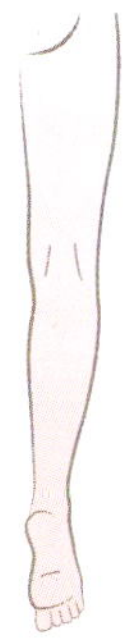

27

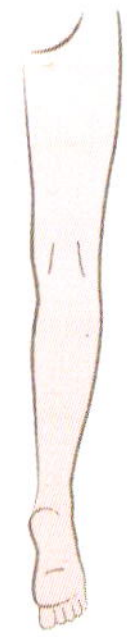

28

04 — 다리 관리 - 전면

1

2

3

핸드 테크닉

4

5

6

뱀부(대나무) 테크닉

7

8

9

10

11

12

13

14

15

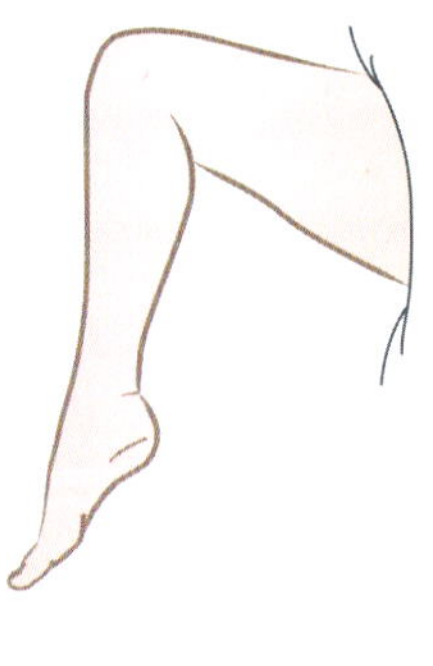

16 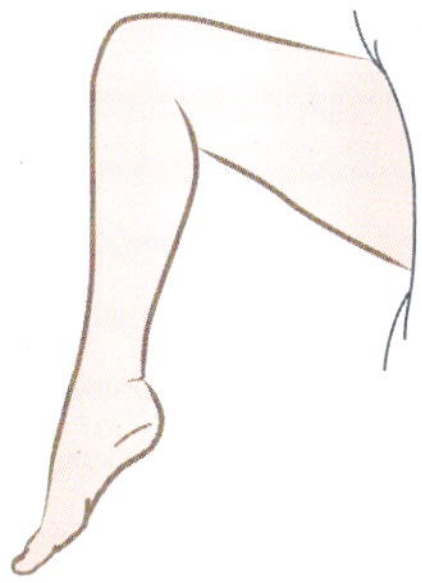

17 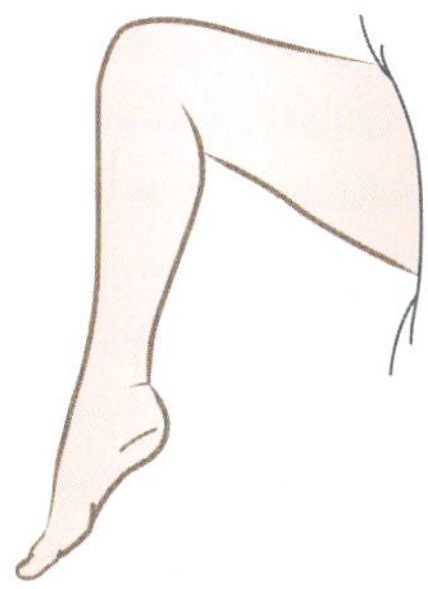

18 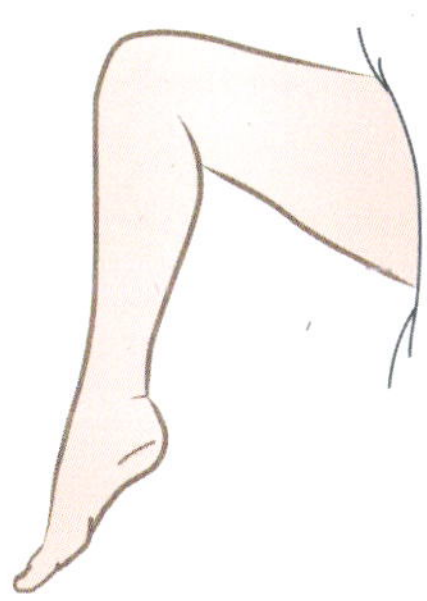

19 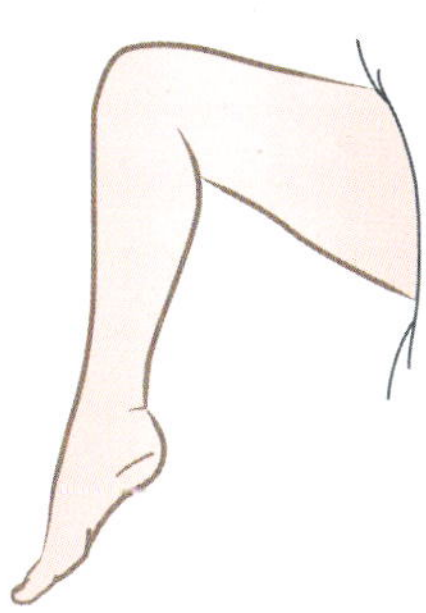

20

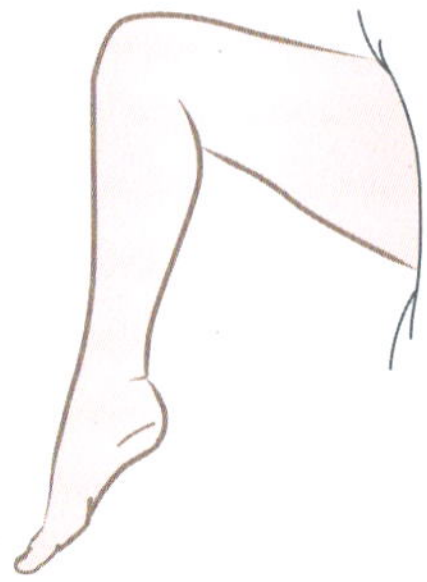

핸드 테크닉

21

22

23

05 — 복부 관리

1

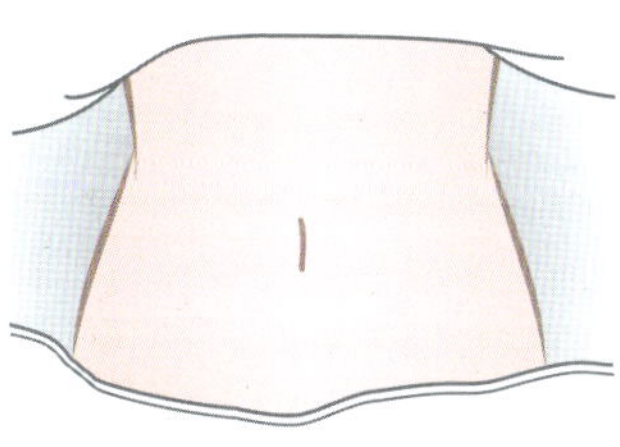

2

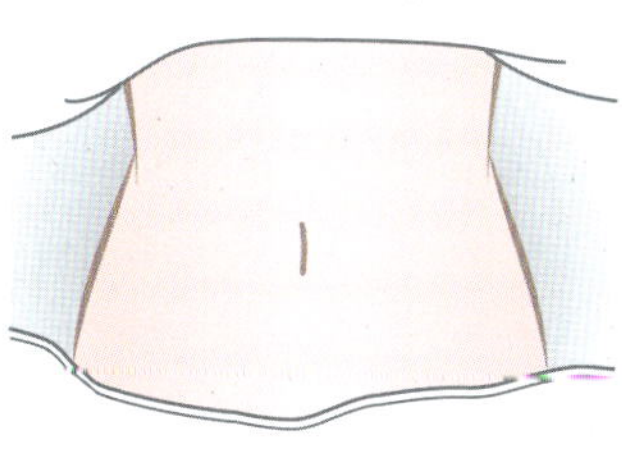

핸드 테크닉

3

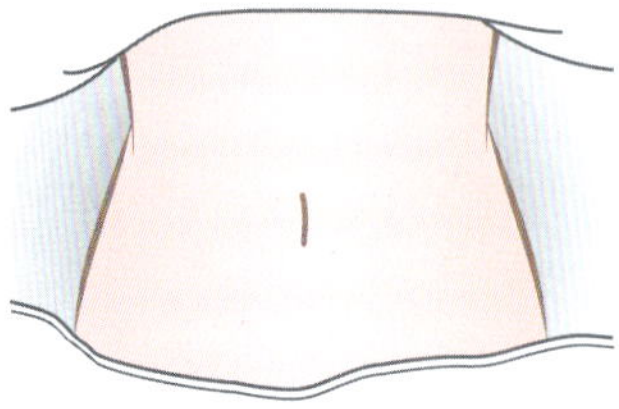

4

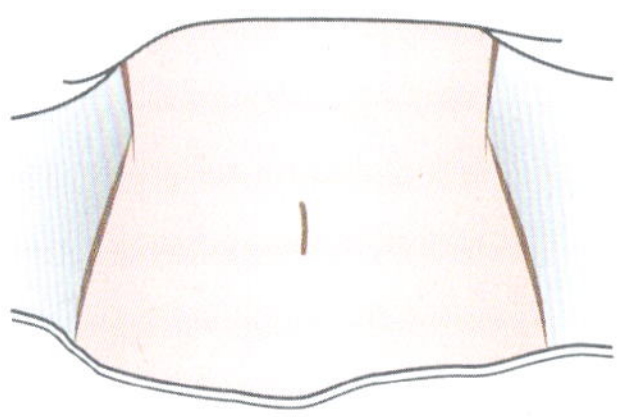

5

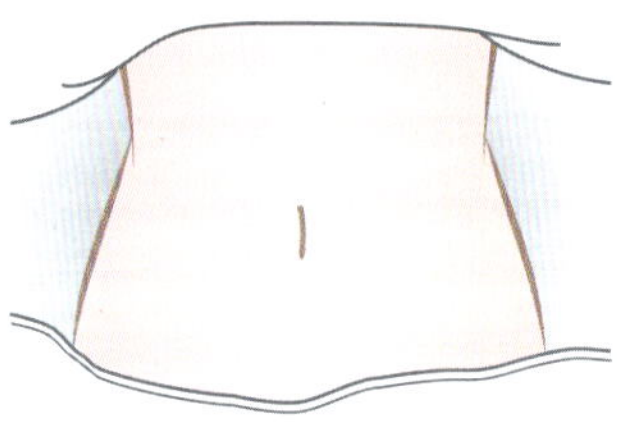

뱀부(대나무) 테크닉

6

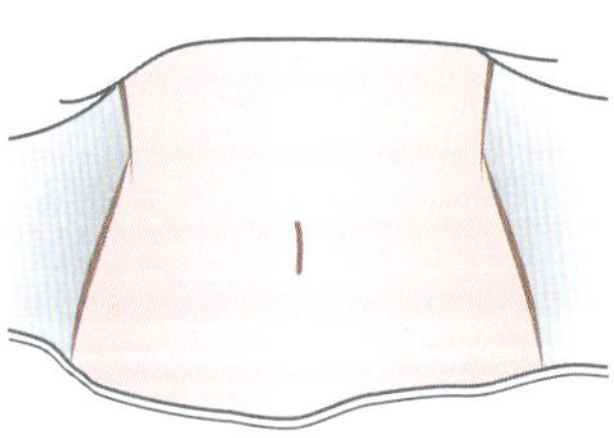

7

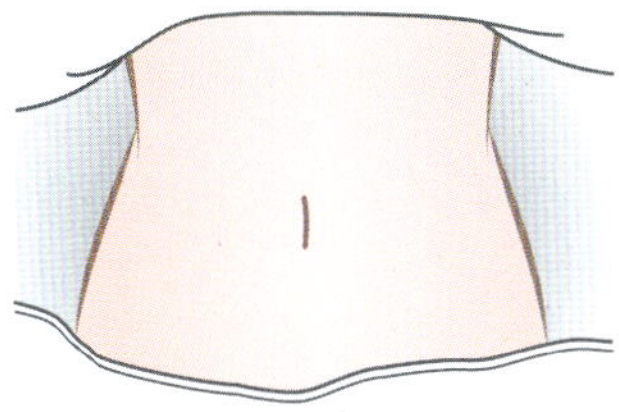

8

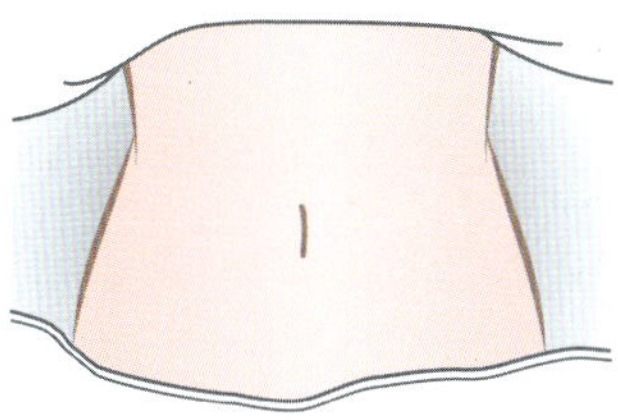

9

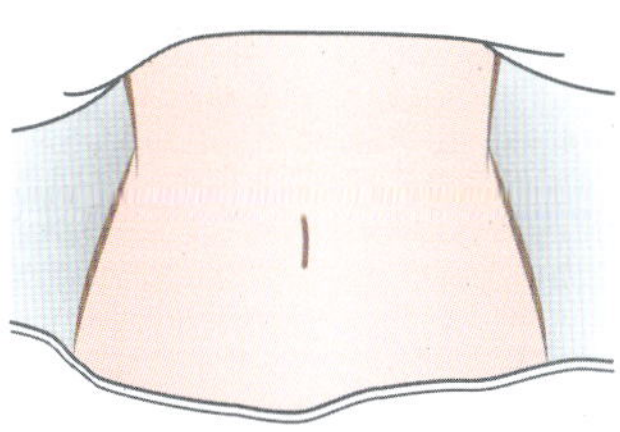

10

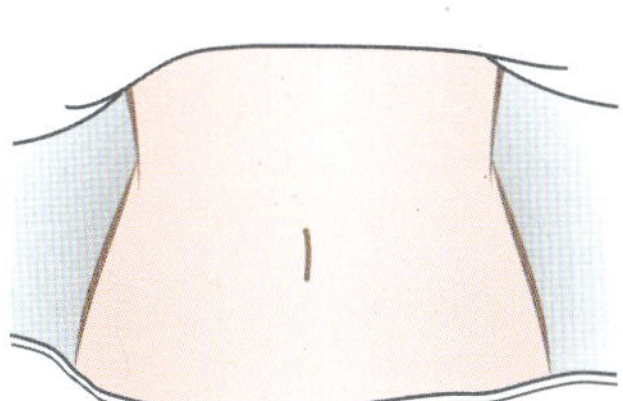

11

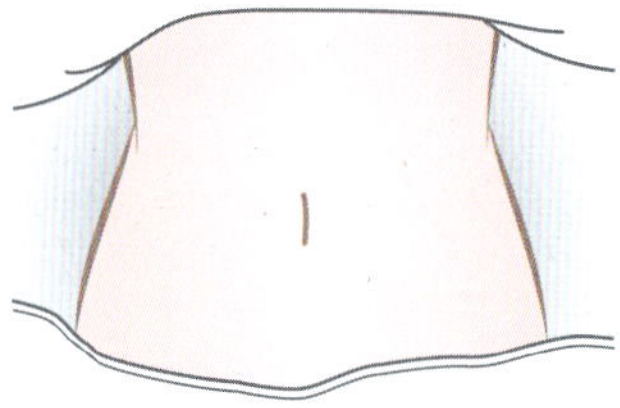

12

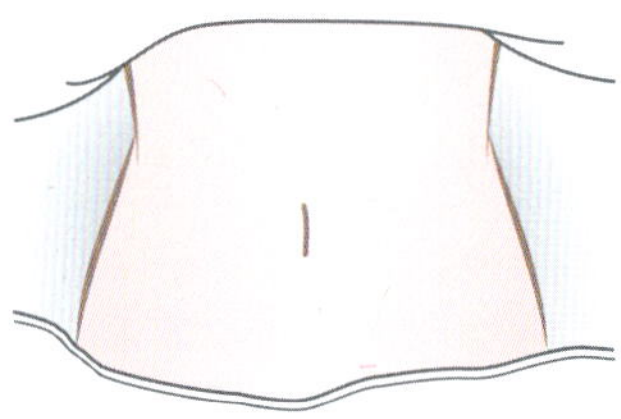

13

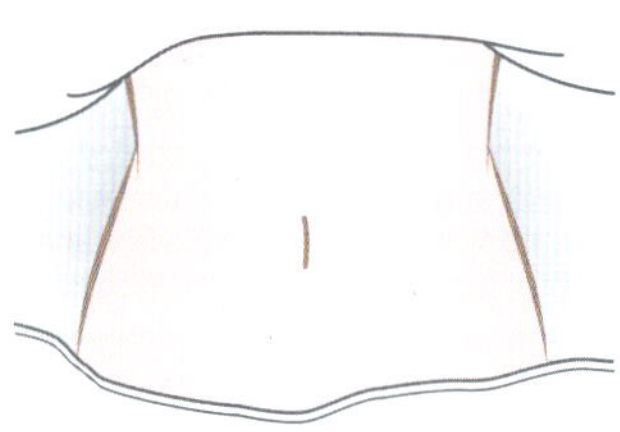

14

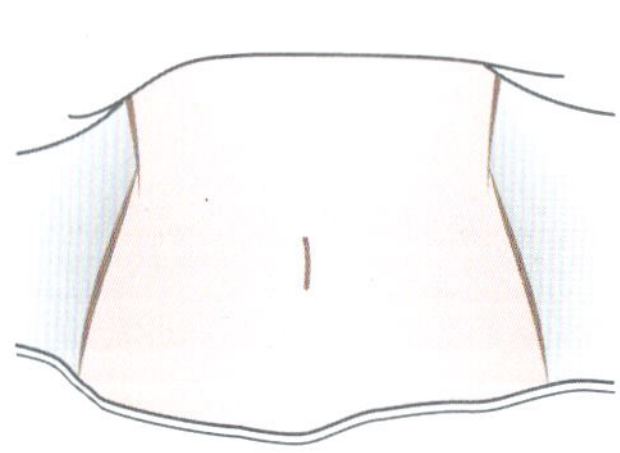

15

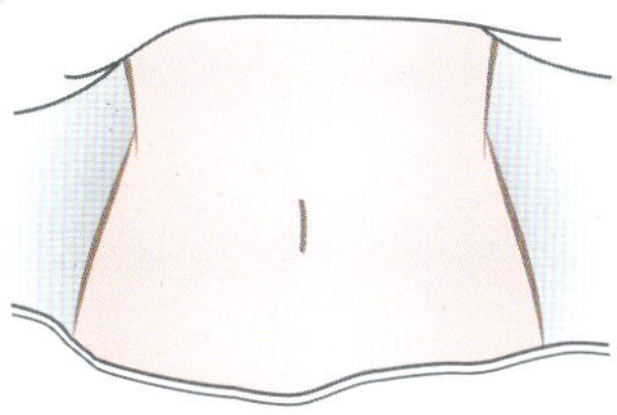

핸드 테크닉

16

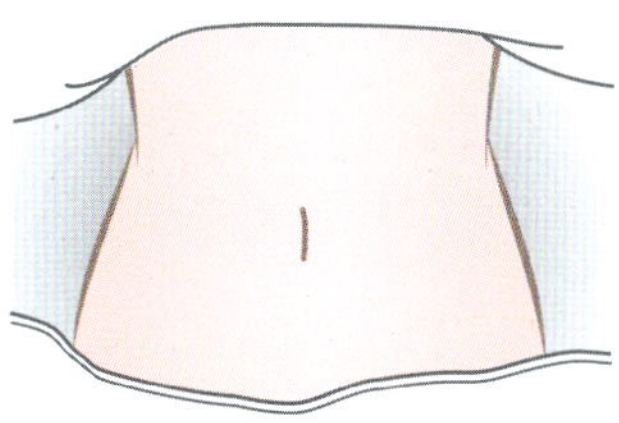

17

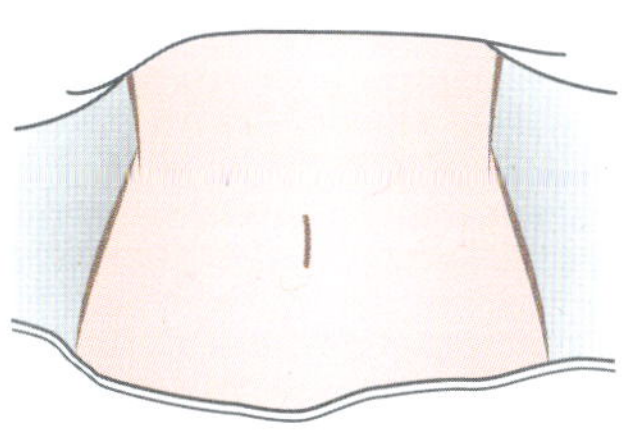

06 — 팔 관리

1

2

3

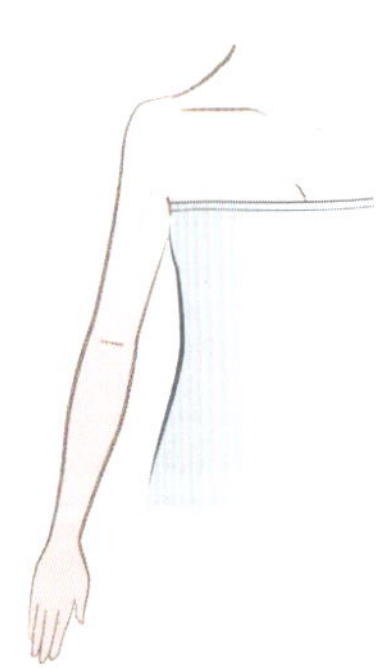

핸드 테크닉

4

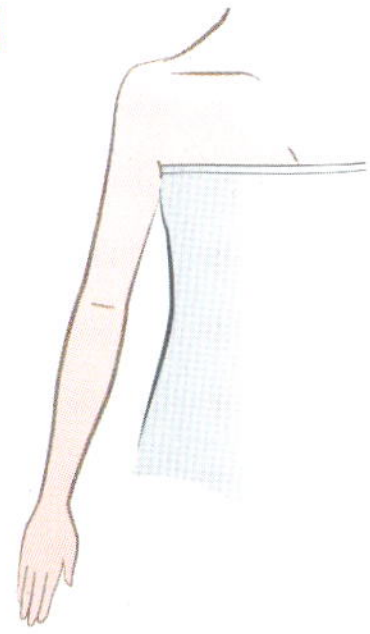

5

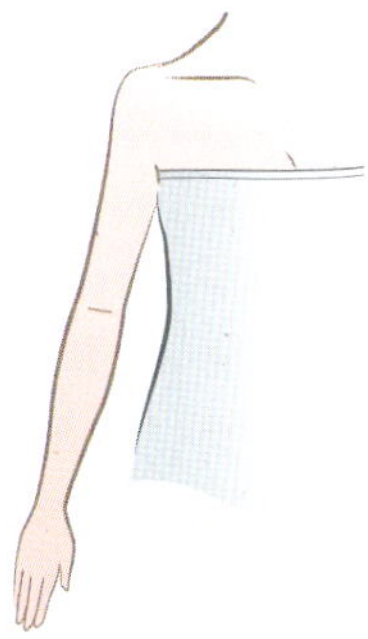

뱀부(대나무) 테크닉

6

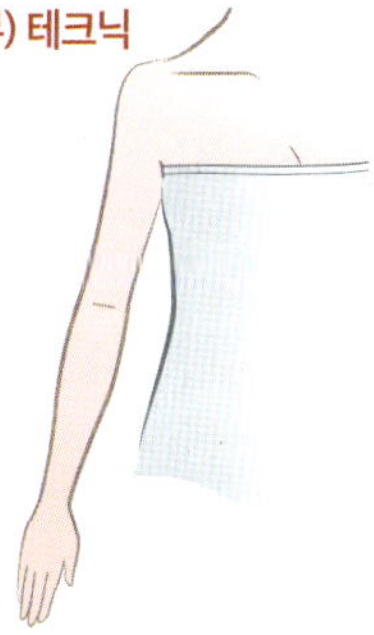

7

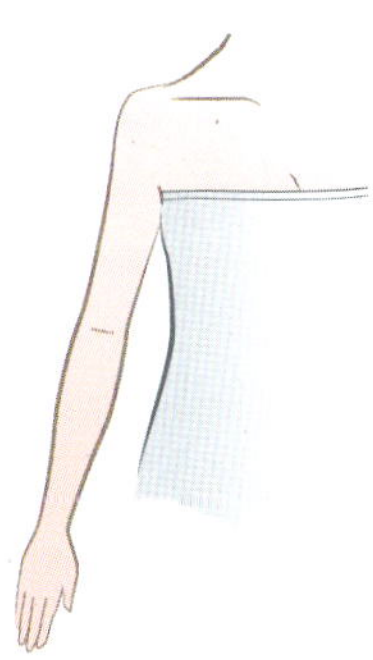

8

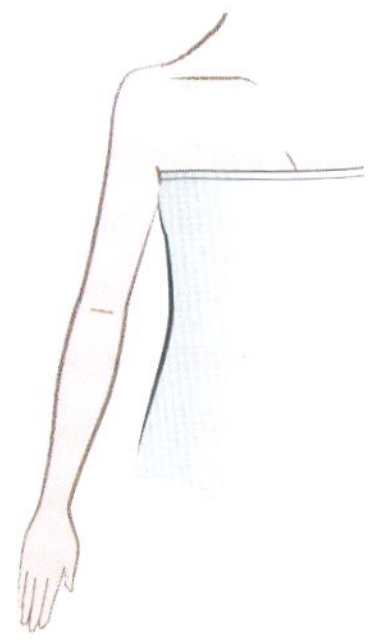

9

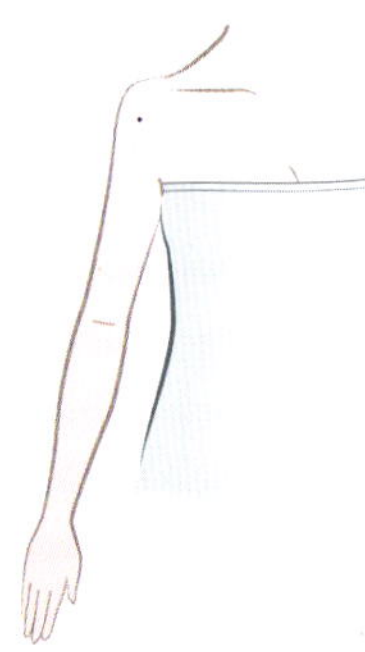

10

11

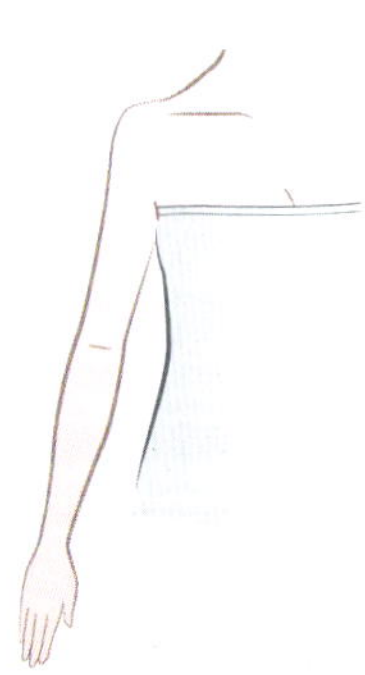

12

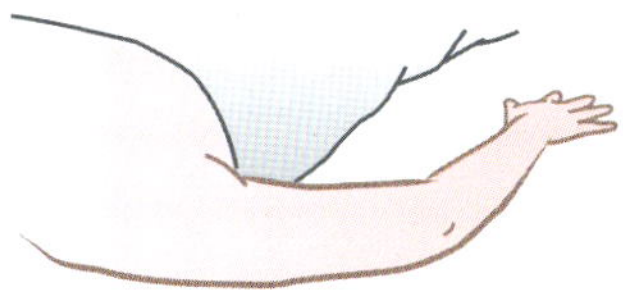

13

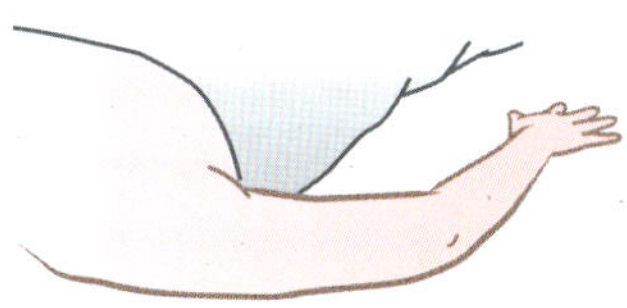

14

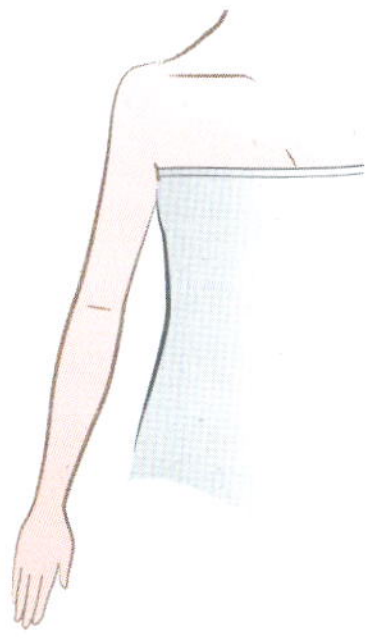

15

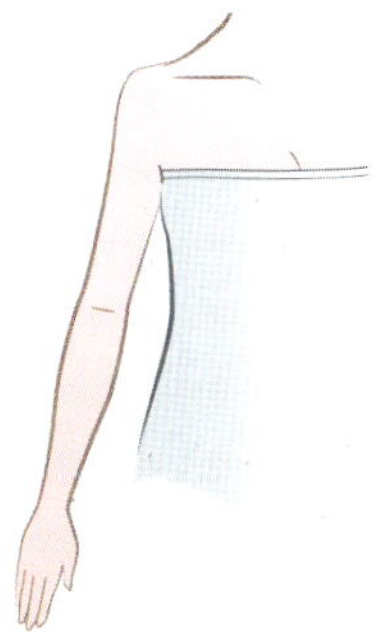

16

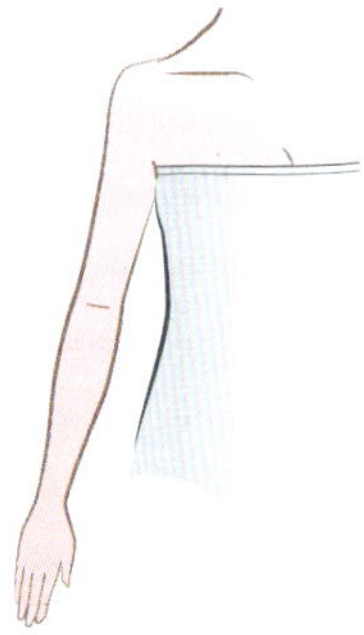

17

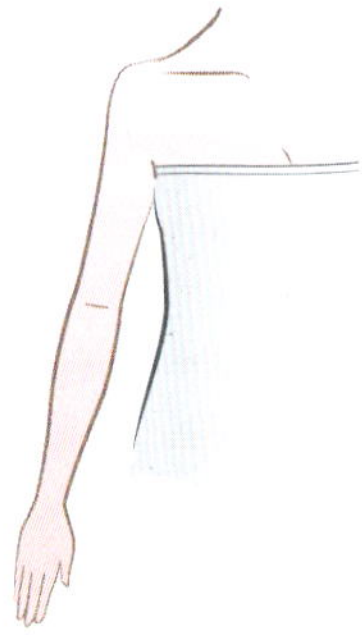

18

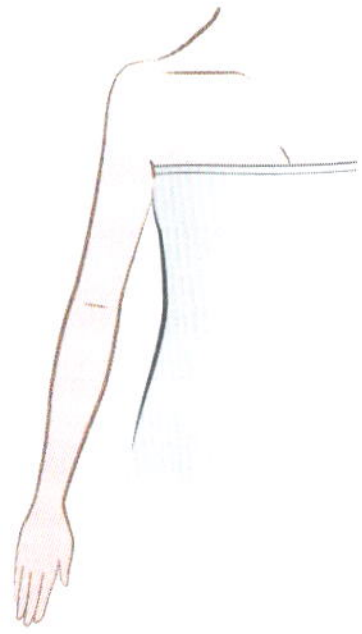

19

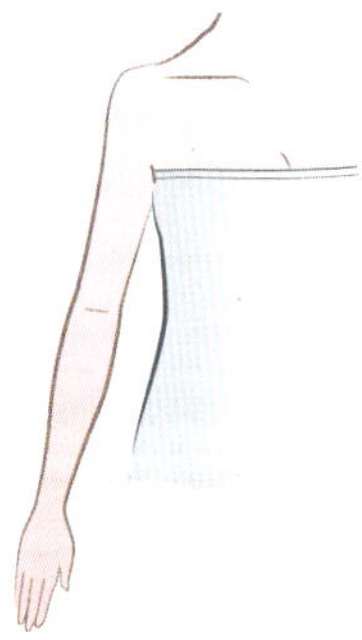

20

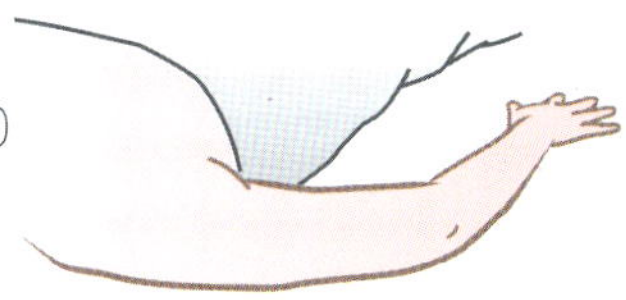

21

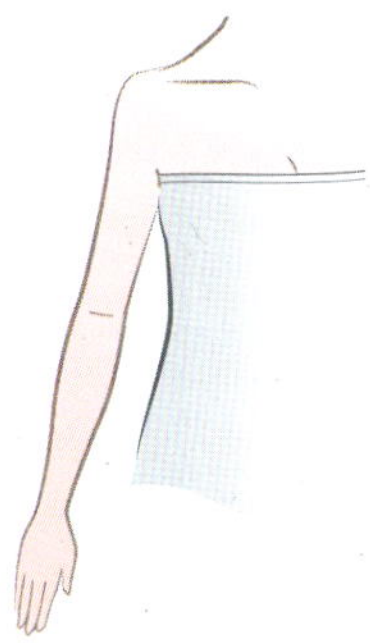

22

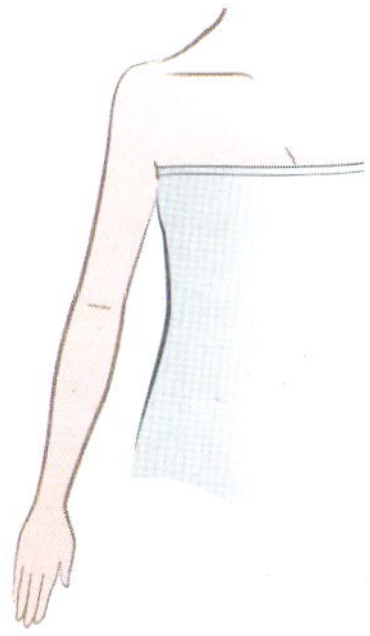

23

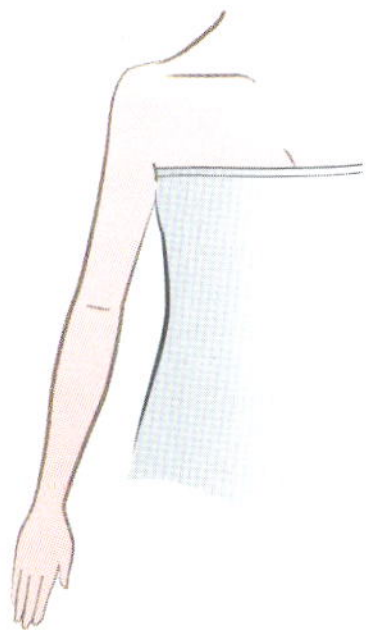

24

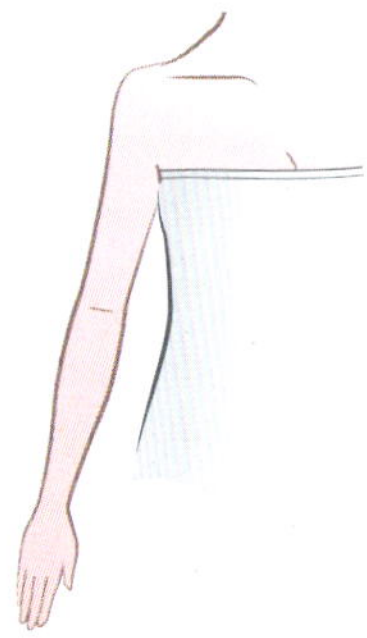

핸드 테크닉

25

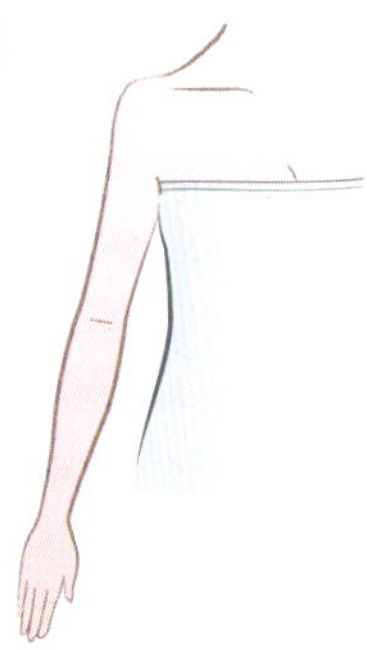

26

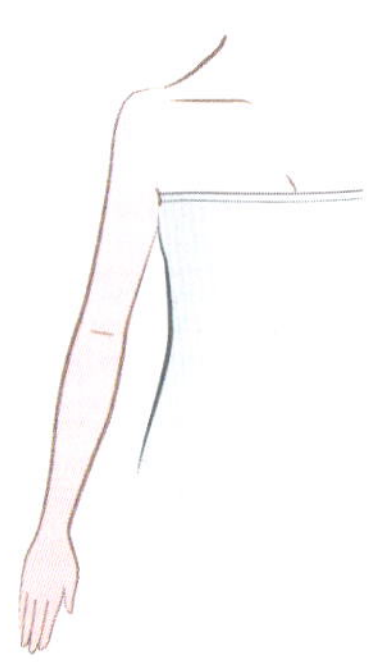

27

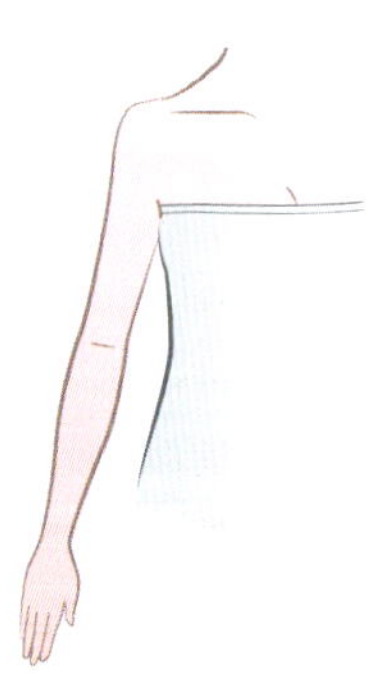